建筑信息化应用毕业设计指导

（BIM 施工管理）

主编　王碧剑　高志坚　温晓慧

中国建筑工业出版社

图书在版编目（CIP）数据

建筑信息化应用毕业设计指导. BIM施工管理 / 王碧剑等主编. — 北京：中国建筑工业出版社，2019.3

ISBN 978-7-112-23230-7

Ⅰ. ①建… Ⅱ. ①王… Ⅲ. ①建筑工程 — 施工管理 — 应用软件 — 毕业设计 — 高等学校 — 教学参考资料 Ⅳ. ① TU-39

中国版本图书馆CIP数据核字（2019）第014108号

责任编辑：徐仲莉
责任校对：芦欣甜

建筑信息化应用毕业设计指导（BIM施工管理）

主编 王碧剑 高志坚 温晓慧

*

中国建筑工业出版社出版、发行（北京海淀三里河路9号）
各地新华书店、建筑书店经销
北京点击世代文化传媒有限公司制版
天津图文方嘉印刷有限公司印刷

*

开本：787×1092毫米 1/16 印张：11¾ 字数：231千字
2019年3月第一版 2019年3月第一次印刷
定价：70.00元（赠课件）

ISBN 978-7-112-23230-7
　　（33310）

前　言

近年来，随着建筑信息化的不断发展和深化，建筑类高等院校在专业培养方案、课程设置、教学计划等方面都做出了适时的调整，特别是在毕业设计阶段均加入了信息化的要求，以适应市场的需要。但是，目前市场上还没有一本用以指导建筑类专业在信息化背景下做毕业设计的书籍。针对此种现状，我们组织相关高校老师和企业专家编写了这本关于建筑类专业信息化背景下做毕业设计的指导书，以供高校教师和毕业生选择参考。

本教材基于第四届全国高等院校 BIM 毕业设计大赛特等奖案例进行编写，并结合目前建筑市场最新的 BIM 技术进行了完善和深化。教材从毕业设计任务书下放、典型案例选取、团队协调分工、BIM 土建安装建模、BIM 施工组织设计编制、BIM 专项方案设计、BIM 5D 施工综合管理、BIM 新技术应用介绍、BIM 毕业设计成果评价标准等方面，详细地介绍了编制 BIM 毕业设计的流程和软件的使用，具有很强的操作性和可学性。书中还特别甄选了部分 BIM 优秀案例展示，以增加学生学习的兴趣，拓展学生的视野。

本教材知识体系完善、专业化程度高、知识覆盖面广、信息量大、理论结合实例、图文并茂，具有较强的前沿性、创新性、知识性和实用性。特别是在 BIM 技术应用方面，详细地讲解了所涉及的 BIM 软件及其操作步骤，可学习性和可操作性非常强。在编写过程中，作者力求概念准确、内容新颖、用词及符号规范、易于理解上手。

本教材属于系列教材，根据建筑类专业的特点，并结合建筑类院校开设专业的不同以及各院校毕业设计方向的差异，分为《建筑信息化应用毕业设计指导（BIM 施工管理）》和《建筑信息化应用毕业设计指导（BIM 造价管理）》，以供不同的院校专业选择。该系列教材在写作过程中是以最新的规范和规程为基础，严格按照建筑工程建设的基本程序和普遍规律进行设计，对建筑工程管理的全过程进行了全真模拟，既符合学校对学生毕业设计的要求，也能够满足社会企业对大学生实践能力的需求。

　　本教材在编写和出版过程中，得到了全国各高等院校及众多同行的大力支持和帮助，同时获得了中国建筑工业出版社的鼎力相助。在此，谨向为本教材编写与出版付出辛勤劳动的各院校、老师们、中国建筑工业出版社及编辑表示衷心的感谢。

　　由于本人水平有限加之时间紧张任务繁多，书中难免存在疏漏和不妥之处，敬请专家、学者和广大师生批评指正，提出宝贵意见，以便及时修订完善。

　　本书课件获取方式为发送邮件到 350441803@qq.com。

目　录

BIM 施工管理毕业设计任务书

近些年来，随着 BIM 技术在行业内各个领域中不断深入运用，社会上对于掌握 BIM 技术的人才需求也趋于旺盛。

目前国内建筑行业仍然采用二维图纸进行建筑设计，由于专业差异以及二维设计自身所带来的协同不足等缺陷，导致设计图纸的可施工性较差，同时，二维图纸中存在的错、漏，很难在施工前完全被发现并予以纠正，导致在施工过程中普遍存在图纸设计变更（也有需求改变的原因）情况，造成施工进度被拖延、成本提高等问题，甚至有可能造成合同纠纷。

基于以上原因，很多施工企业在项目施工开始之前，更加愿意通过 BIM 技术，对项目进行三维建模，并利用三维模型对施工图纸进行错漏检查、碰撞检测、施工模拟、成本校核、深化设计、施工方案设计等工作，极大缩短了施工工期，显著降低了施工过程中的成本，真正做到了精细化施工管理。

为适应社会对建设项目施工阶段 BIM 技术人才的需求，我们适时在大四本科生中开展基于 BIM 技术的施工阶段毕业设计。基于 BIM 的施工组织设计及造价编制毕业设计是培养学生综合运用本专业基础理论、基本知识、基本技能去分析解决实际问题，提升专业素质的一个重要教学实践环节；也是工程管理专业课程理论教学与实践教学的继续深化及检验。通过 BIM 毕业设计（施工阶段），能有效提升学生对工程项目施工组织设计相关文件内容及实施方法的熟悉及掌握程度，切实加强学生对工程项目管理、投资与工程造价管理与合同管理等方面工作的专业水平和操作能力。

通过 BIM 毕业设计，可以培养学生以下能力：

1）复习和巩固所学专业知识，培养综合运用所学理论知识和专业技能解决工程实践问题的能力；

2）培养学生在工程施工阶段基于 BIM 的施工组织设计及造价相关文件的编制能力；

3）培养学生调查研究与信息收集、整理的能力；

4）培养和提高学生的自主学习能力、运用计算机辅助解决项目管理相关问题的能力；

5）培养学生独立思考和解决实际工程问题的能力，具有工程能力和应用技能；

6）培养和锻炼学生的沟通能力、团队协作能力。

1.1 基于 BIM 毕业设计的工作阶段划分

根据 BIM 技术的特殊要求，我们对毕业生的基于 BIM 技术的毕业设计任务书做了适当的调整。在毕业设计全过程中采用 BIM 技术相关软件，毕业设计主要工作包括以下几个阶段：

1. 建模阶段。根据实际项目的施工图纸，利用相关 BIM 软件，建立三维模型，考虑到每人一题的要求，工程项目不宜过大，建筑面积在 5000m^2 左右较为合适。根据行业目前的软件使用情况，建议采用 AutoCAD 公司的 Revit 2016 进行建模。作为工程管理专业，我们只要求对土建工程进行建模，机电安装工程涉及给水排水、暖通、电气等专业，对于住宅类这样比较简单的建设项目，可以考虑安排学生尝试建模，复杂的公共建筑，则不建议学生进行建模。如果土建建模与机电建模分别来进行的话，在各自建模的过程中，需要修正原设计图纸中存在的错漏，并在完成建模后进行机电模型间、机电模型与结构模型间的碰撞检测，进一步修正原设计图纸。碰撞检测软件可以采用 Navisworks 软件。

2. 图形算量计价阶段。利用建模阶段建立的三维 BIM 模型，导入到图形算量软件中，我们采用的图形算量软件为广联达 BIM 土建计量平台 GTJ2018，该软件已经将原来的土建计量软件 GCL 和钢筋计量软件 GGJ 功能集成在一起。图形算量的结果为分部分项工程量清单。这里需要说明的是，在由 Revit 模型导入到广联达算量软件过程中，由于软件兼容性问题，导入的模型会出现部分破损、错误等现象，这时，需要学生在广联达图形算量软件中对出现破损及错误的模型进行修复。另外，如果有的学校实验室计算机硬件图形加速功能不强，可以考虑不要在 Revit 中建立钢筋模型，只利用 Revit 建立建筑模型，钢筋模型直接在广联达图形算量软件中进行建模。

3. 虚拟建造阶段。利用广联达 BIM5D 软件，对项目的施工进行模拟。首先是根据项目场地情况以及地理位置条件，利用广联达 BIM 施工现场布置软件，通过 CAD 识图，土建模型导入以及内置构件简单快速插入，完成三维场地布置。并根据所用构件，通过自定义价格，随时可以查看临建工程量，方便测算临建预算。第二，利用斑马·梦龙网络计划软件，快速编制施工进度网络计划图，计算关键路径和工期。第三，利用

BIM5D 软件，结合工程量清单、斑马·梦龙网络计划软件，对施工进度进行可视化动态模拟，直观呈现整体施工部署及配套资源的投入状态，充分展示施工组织设计的可行性，发现施工组织计划中可能存在的逻辑错误或者偏差，优化资源调度。第四，利用 BIM 模板脚手架设计软件，进行目标脚手架方案可视化设计，快速绘制施工图、计算书，精确计算辅料用量。

4. 造价阶段。将分部分项工程量清单文件导入广联达计价软件 GBQ4.0 或广联达云计价平台 GCCP5.0 进行计价，结合在虚拟建造阶段所形成的施工措施，包括：垂直运输工具的选择、脚手架的设计、季节性施工措施等设计方案，并形成分部分项工程量清单计价表、措施项目清单计价表、分部分项工程量清单综合单价分析比、措施项目清单综合单价分析表、汇总表、税金及规费表、主材料价格表等文档。

5. 形成毕业设计报告阶段。根据前面各个阶段的工作，将各阶段成果整理形成毕业设计报告书，毕业设计报告书包括主要内容：①施工组织设计方案书；②工程项目造价书，其中包括：汇总表、分部分项工程量清单计价表、分部分项工程量清单综合单价分析表、措施项目清单计价表、措施项目清单综合单价分析表、规费和税金表、主材料价格表；③施工进度网络计划图；④施工场地平面图；⑤ 3D 模型文件（建筑模型＋结构模型文件，电子文档）；⑥计价文件（电子文档）；⑦施工模拟视频；⑧脚手架设计施工图、计算书及用量表（可选）、项目三维漫游动画视频（可选）、项目效果图（可选）、节点大样轴测图（可选）等。

1.2　基于 BIM 的毕业设计任务书

基于 BIM 毕业设计工作内容，我们给出以下基于 BIM 技术的毕业设计任务书（见表 1-1）。

基于 BIM 技术毕业设计任务书　　　　　　　　　　　　　　表 1-1

一、基于 BIM 的毕业设计的主要内容（含主要技术参数）
（一）内容结构
基于 BIM 的施工管理毕业设计内容包括以下部分：
1. 基于 BIM 的土建工程模型建立（包括建筑模型及结构模型）；
2. 分部分项工程量清单编制；
3. 编制施工进度网络图、三维场地布置、脚手架设计图等；
4. 制作 BIM 5D 动态施工模拟，并录制动态视频以及三维漫游动画；
5. 编制施工组织设计文档及造价文件。
（二）具体内容
1. 土建模型建立（建筑模型及结构模型）
利用案例项目施工图纸，将工程案例通过 Revit 2016 软件完成结构、土建模型建立，分别形成建筑模型文件及结

构模型文件（如果有机电安装工程，按专业形成机电安装工程模型文件）。将模型文件导入 Navisworks 软件进行模型碰撞检测，包括建筑模型与结构模型之间的碰撞、结构模型与机电模型之间的碰撞，在 Revit 2016 中修改存在冲突的模型。

2. 分部分项工程清单编制

（1）基于 BIM 的土建模型算量：

将 Revit 结构模型及土建模型导入广联达 BIM 土建计量平台 GTJ2018 软件，检查导入模型是否存在错漏的地方，由于软件兼容性问题，一般将 Revit 模型导入广联达软件后，容易产生模型的破损或者错漏之处，需要人工进行修复。

（2）基于 BIM 的安装工程算量（可选）：

将 Revit 安装模型分专业分别导入广联达 BIM 安装计量软件 GQI2017 中，通过智能化的识别，进行工程量统计。

3. 编制施工进度网络图、三维场地布置、脚手架设计图

利用广联达 BIM 施工现场布置软件，通过 GCL/GTJ 文件导入以及内置构件，完成三维场地策划；利用斑马·梦龙网络计划软件完成施工进度网络计划，检测施工进度网络计划中可能存在的逻辑错误，并计算关键路径；利用广联达 BIM 模板脚手架设计软件，进行模板脚手架方案可视化设计，绘制施工图纸、计算书、计算材料用量等。

4. 制作 BIM 5D 动态施工模拟，并录制动态视频以及三维漫游动画

利用广联达 BIM 5D 软件，结合梦龙网络计划软件制作的施工进度网络计划，进行动态施工模拟，观察资源及成本消耗状态，检查施工流水作业方式是否存在逻辑错误，依据资源消耗的动态模拟，优化施工进度安排。最后录制动态施工模拟视频；将场布软件建立的三维施工场地布置模型（建议使用 Revit 建立相关三维场地模型）导入 3D 引擎中（Lumion 或者 Unity 3D）中，使用其关键帧动画录制功能，录制三维现场布置漫游视频；将建好的建筑模型导入 3D 引擎中，利用其关键帧动画录制功能，录制拟建建筑三维虚拟场景漫游视频。

5. 编制施工组织设计文档及造价文件

结合拟定的案例项目图纸，借助广联达标书制作软件，完成 BIM 施工组织设计文件的编制（包括不限于施工方案、施工进度网络计划、施工现场三维布置图等）。利用广联达 BIM 土建计量平台 GTJ 2018 和广联达云计价平台 GCCP5.0，完成 BIM 造价文件的编制。整合施工组织设计文档和造价文件，形成完整的施工组织设计及造价文件。

施工组织设计是指对拟建工程项目施工全过程的组织、技术和经济等实施方案的综合性设计文件。它的主要任务是把工程项目在整个施工过程中所需采用到的人力、材料、机械、资金和时间等因素，按照客观的经济技术规律，科学地做出合理安排，使之达到耗工少、速度快、质量高、成本低、安全好、利润大的要求。要求包括：

（1）选择施工方案：合理选择土方、主体等主要分部分项工程的施工方案；合理选择施工机械；合理选择水平、垂直运输机械等。

（2）施工现场布置图：合理安排临时设施的位置并确定其占地面积，合理确定垂直运输机械位置，布置施工现场的道路及水、电管网等。

（3）编制施工进度计划：合理划分施工段，确定施工流向，绘制施工进度横道图和双代号网络图，确定关键线路和关键工序。

造价书将根据工程量清单以及编制完成的土建单位工程的施工组织设计，运用《×××省建设工程工程量清单计价规则》《×××省建筑装饰工程消耗量定额》《×××省建筑装饰工程价目表》《×××省建筑工程、安装工程、装饰工程、市政工程、园林绿化工程参考费率》，结合生产要素的市场价格、相关信息及自行确定的投标策略，确定某土建单位工程的造价。

二、毕业设计（论文）题目应完成的工作

成果要求

1. 分别提交 Revit 钢筋、土建及广联达图形算量模型文件，计价工程成果文件。

提交模型图片展示（土建和钢筋平面、立面、三维图片各一张，并保存图片格式）；

2. 根据选择的案例工程分别对土建和安装的造价指标进行合理性分析（主要分析造价指标），统一汇总到 Excel 表中，名称命名为"×××工程造价指标分析表"。

3. 三维施工场地部署模型文件、场布二维平面图（不小于 A2）一张；

4. 提交施工进度网络计划图纸一张（不小于 A2）；

5. 提交录制的施工模拟动画视频、三维场布虚拟场景动画视频、拟建建筑虚拟场景漫游视频；

6. 提交毕业设计报告书一份，内容包括毕业设计任务书、施工组织设计书以及造价书，提供答辩 PPT 文案电子版一份；

7. 所有提交内容均需要提供电子版一份。

三、毕业设计（论文）进程的安排

序号	设计（论文）各阶段任务	日期	备注
1			
2			
3			
4			
5			

四、主要参考资料及文献阅读任务（含外文阅读翻译任务）

1.《施工组织设计快速编制手册》，赵志缙、徐伟主编，中国建筑工业出版社，1997 年；ISBN：7-112-03282-2。

2.《建筑工程施工组织设计与施工方案（第 3 版）》，北京土木建筑学会编，经济科学出版社，2008 年，ISBN：9787505867567。

3.《建筑工程施工组织设计实例应用手册》，彭圣浩编，中国建筑工业出版社 2016 年，ISBN：978-7-112-18986-1。

4.《工程估价》，王雪青主编，中国建筑工业出版社，2011 年，ISBN：978-7-112-13352-9。

5.《工程计价与造价管理（21 世纪高等学校规划教材）》，李建峰主编，中国电力出版社，2005 年，ISBN：9787508335629。

6.《工程量清单的编制与投标报价》，广联达科技股份有限公司工程量清单专家顾问委员会，中国建材工业出版社，2004 年，ISBN：9787801594884。

7.《工程量清单的编制与投标报价》，刑莉燕主编，山东科学技术出版社，2005 年，ISBN：9787533136048。

8.《陕西省建设工程工程量清单计价规则》，陕西人民出版社，2009，ISBN：978-7-224-09281-3。

9.《陕西省建筑、装饰工程消耗量定额》（上、中、下册），陕西科学技术出版社，2004，ISBN：9787536937604。

10.《陕西省建筑 装饰工程价目表》（第 1 ~ 14 册），甘肃民族出版社，2006。

11.《陕西省建筑工程、安装工程、装饰工程、市政工程、园林绿化工程参考费率》，2009。

12. 材料市场价格及标准图集等。

13.《建筑施工手册》（第五版），中国建筑工业出版社，2012 年，ISBN：978-7-112-14688-8。

五、任务执行日期
六、审核批准意见

教研室主任签（章）

主管院长（主任）签（章）

2

BIM 工程案例

本章我们将通过实际工程案例，来介绍如何开展基于 BIM 的施工管理毕业设计工作。在 BIM 毕业设计工作开始之前，首先要选择合适的工程项目，一般毕业设计的时间为 14 ~ 16 周左右，这其中包括毕业实习、毕业设计、答辩等环节。因此工程的选择就显得尤为重要，如果工程量太大，学生无法在规定的时间内完成毕业设计；如果工程量太小，学生的毕业设计工作量又显不足。因此，选择一个适合的工程项目作为毕业设计案例，尤为重要。

2.1 选图依据及方法

如果按照一人一题的毕业设计要求，建议案例工程项目的总建筑面积不宜超过 5000m²；如果按照分组方式，多人（3 ~ 5 人）完成一个案例工程项目，虽然也是一人一题（每人的方向不同），可以将案例工程的工程量放大到 15000m² 左右。

案例工程应选择实际工程，如果有条件，可以安排学生在毕业实习阶段，前往该实际工程进行实习，了解工程的详细施工状况。即便不能安排学生进入工程进行实习，也可以通过外围观察了解项目施工（或运营）的状况，使学生对自己的设计方案有感性的认识。

案例工程项目的图纸要全，我们建议案例工程要有完备的全套施工图纸，包括建筑施工图、结构施工图、给水排水施工图、暖通施工图、电气施工图等。建筑的结构类型不限，但现在更多的是剪力墙结构、框架结构以及框架剪力墙结构类型，钢结构及砖混结构的建筑不如上述结构类型的建筑多，所以，一般会选择常见结构类型的建筑作为案例工程，这样会更容易获得项目的施工图纸。

本章介绍的实际工程案例为某高校大学生活动中心项目工程。

2.2　BIM 案例背景信息

2.2.1　工程总体概况

案例工程实景如图 2-1 所示。

图 2-1　案例工程实景图

案例工程总体概况如表 2-1 所示。

工程总体概况　　　　　　　　　　　　　　　　　　　　　　　　　　　表 2-1

项目名称	某高校大学生活动中心
建设单位	某高校
设计单位	某高校建筑设计研究研究
建设地点	陕西省西安市
结构形式	框架剪力墙结构
总建筑面积	14850m²
建筑功能	大学生活动中心（报告厅 1118 座、活动室、办公室、附属用房等）
计划开 / 竣工时间	开工时间：2016 年 8 月 1 日，竣工时间：2017 年 9 月 14 日，总工期为 410 日历天
工程承包范围	土建工程、安装工程、抹灰工程、门窗工程、楼地面装饰工程、精装修、图纸及合同约定的内容

2.2.2　建筑设计

建筑设计概况如表 2-2 所示。

建筑设计概况表 表 2-2

建筑基底面积		3960m²		
总建筑面积	14850m²		地上部分	13556.64m²
			地下部分	1023.36m²
—	层数		建筑高度（m）	总建筑面积（m²）
	地上	地下		
主体结构	6	1	31	13600
自行车库、台阶	1	—	4.1	1250
建筑装修做法				
地面	条石踏步台阶、花岗石面层坡道、地砖地面（有防水）、水泥砂浆地面（有防水）、水泥砂浆地面、磨光花岗石地面、地砖地面			
内墙面	釉面砖防水墙面、水泥砂浆涂料墙面、玻璃棉毡板网吸声墙面、干挂大理石、花岗石板墙面、乳胶漆墙面			
外墙面	合成树脂乳液、外墙涂料（薄型）、合成树脂乳液、真石涂料、干挂石材墙面			

1. 填充墙：卫生间、电梯井及管道井的隔墙采用 200mm 及 120mm KP1 型多孔砖，M5 混合砂浆砌筑；外围护墙、舞台、报告厅及其余内隔墙墙体采用 200mm 及 120mm 非承重空心砖，M5 混合砂浆；与土壤接触的墙体，采用 200mm MU15 混凝土普通砖，Mb7.5 水泥砂浆砌筑，其余内隔墙采用 200mm 及 120mm 非承重空心砖，M5 混合砂浆砌筑。

2. 墙身防潮：水平防潮层设于底层室内地面以下 60mm 处，做法为 20mm 1:2.5 水泥砂浆内掺抗渗水泥重量 3%～5%；当室内墙身两侧有高差时，在邻土的一侧做竖向防潮层（用料与水平防潮层一样），以保证防潮的连续性；当墙基为混凝土、钢筋混凝土或石砌体时，可不做墙体防潮层。

3. 门窗：塑钢门、塑钢窗、防火门、平开门。

4. 玻璃幕墙：采用明框断桥铝合金遮阳型离线 LOW-E 中空安全玻璃，框料为黑棕色，经氟碳漆喷涂处理，外层玻璃采用灰蓝色。

5. 屋面防水：屋面防水等级为一级，两道防水设防。

6. 外墙防水：采用 5mm 干粉类聚合物防水砂浆，设于墙体找平层上；砂浆防水层设 8～10mm 宽水平和垂直分隔缝，水平缝设于每层窗口上沿。

7. 地下室防水：地下室底板、侧墙和外凸在室外地坪下顶板的设计防水等级二级，采用两道防水设防。

8. 卫生间、其他有水的用房，楼地面采用聚乙烯丙纶复合防水卷材，沿墙翻起高度为 200mm 高。

9. 建筑防火：全楼共设 12 个防火分区，6 部疏散楼梯其中 1#、2# 楼梯为开敞楼梯间，

3#、4#、5#、6# 楼梯为封闭楼梯间、封闭楼梯间的门为乙级防火门，并向疏散方向开启。

10. 节能设计：

1）屋面：采用 60mm 聚 XPS 板做保温层；

2）外墙：保温为 60mm 聚 XPS 保温板；

3）外门窗：塑钢透明中空玻璃、断桥铝合金高透光在线 LOW-E 中空玻璃。

2.2.3 周边环境

本项目位于西安市某高校新校区，项目场地位于该校宿舍区、教学区之间，周围环境较为复杂，对施工安全、噪音控制、环境控制要求较高。现场北侧为教学区，有一条校内双向四车道供学校师生正常出行使用，南向 60m 为学生食堂，东西两侧均为学生宿舍区，伸展范围有限，施工场地呈南北狭长、东西窄的特点，图 2-2 为用 Revit 创建的大学生活动中心及周边建筑关系三维模型图。项目地点位于西安市鄠邑区与长安区交界处，距西安市中心约 46km，距施工现场 1km 校区范围内有富余的场地可供土方开挖阶段堆土使用，在一定程度上可减少运输成本。现场临水接驳点位于场地北侧，临电接驳点位于场地西北侧，均为市政供水 / 电。

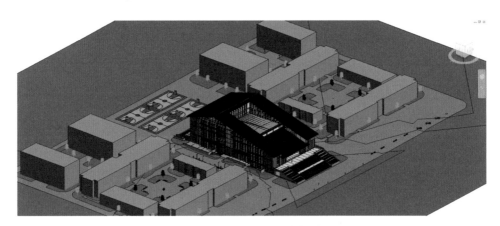

图 2-2 案例工程周边模型图

2.2.4 结构设计概况

1. 建筑分类等级及结构标准（见表 2-3）

建筑分类等级及结构标准　　　　　　　　　表 2-3

建筑类别	建筑物抗震设防类别	建筑结构安全等级	结构抗震等级		地基基础设计等级
			框架	抗震墙	
公共建筑	乙类	二级	二级	一级	乙级

框架部分按抗震等级为一级采取抗震措施。

2. 混凝土

1）混凝土环境类别及耐久性要求（见表 2-4）。

混凝土环境类别及耐久性要求 表 2-4

部位	构件	环境类别	最大水灰比	最小水泥用量	最大氯离子含量	最大碱含量
地上	室内	一类	0.60	225kg/m³	1.0%	不限制
	外露	二 b 类	0.55	275kg/m³	0.2%	3.0kg/m³
地下	与土壤接触	二 b 类	0.50（水胶比 ≤ 0.5）	280kg/m³	0.2%	3.0kg/m³

2）混凝土强度等级（见表 2-5）。

混凝土强度等级 表 2-5

墙、柱	标高	基础顶~屋面	
	强度等级	C40	
梁、板	标高	基础顶~屋面	
	强度等级	C40	
部位或构件	基础	过梁、构造柱、圈梁	基础垫层
强度等级	C35	C25	C15

3. 地基与基础

1）在采用机械开挖基坑时，在接近设计标高时必须预留一定厚度的土层使用人工挖掘。

2）基础底部垫层厚度 100mm，每边扩出基础边缘 100mm。

3）基础部分的防水混凝土构件内部设置的各种钢筋或绑扎铁丝不得接触模板。

4）防水混凝土应连续浇筑，减少施工缝留设。

5）基础和地下室施工完成后应及时回填，确保建筑物地基承载力、变形和稳定要求；散水、地面、踏步等回填土需分层回填夯实，回填土采用天然砂卵石，其压实系数不小于 0.95。

4. 框架构造要求

1）框架柱的梁柱节点区，节点区内的混凝土强度等级相差一个等级内，可按照低等级施工；相差两个等级及以上，按照高等级施工。

2）主次梁高度相同时，次梁的下部纵向钢筋应置于主梁纵向钢筋之上。

3）梁的纵向钢筋需要设置接头时，底部钢筋应在距离支座 1/3 跨度范围内接头，上部钢筋应在梁中 1/3 跨度范围内接头。

2.2.5　项目重难点分析

1. 场地内交通组织。该施工场地狭长，尤其是基坑东西两侧在回填土之前施工车辆通行有些困难，给场地内交通组织造成了一定的不便。

2. 桁架跨度大。报告厅上方钢结构桁架重量较大，结构复杂，跨度较大，由于场地限制无法一次整体吊装。

3. 高大支模及大跨度梁施工难度大。本工程二层中段、四层最低点高达 8m 及10.1m，舞台上方梁跨度达到 18m，涉及大跨度梁以及高支模板体系的建立、混凝土浇筑、养护等问题。

4. 安全文明施工要求高。本工程北侧距教学楼不足 50m，东西两侧距学生宿舍不足 20m，场地施工的噪音以及塔式起重机运转都将对学校的正常教学活动产生不利影响，土方开挖阶段对环境保护也提出较高的要求。

2.3　团队分工与合作

2.3.1　团队分工原则

该项目总建筑面积接近 15000m^2，工程量较大，不可能由一个学生独自完成，因此，可由 5 名学生组成合作团队，共同完成该项目的 BIM 毕业设计工作，每一位学生面向的方向不同，可以单独设题设置。团队成员的具体工作划分可以遵照以下原则：

（1）每一位学生的工作量尽量均衡；

（2）每一位学生尽可能地参与 BIM 毕业设计的全过程，学会使用多种软件；

（3）每一位学生的毕业设计题目不能一样，一人一题；

（4）团队中人员超过 3 人，则应考虑整个团队的工作要包含安装工程的 BIM 施工；根据以上原则以及案例工程的情况，五名学生的分工如表 2-6 所示。

团队分工及毕业设计选题表　　　　　　　　　　　　　　　表 2-6

序号	人员	分工	毕业设计选题
1	同学 1	土建	基于 BIM 技术的 ××× 工程施工组织设计及造价的编制
2	同学 2	土建	基于 BIM 技术的 ××× 工程投标文件的编制
3	同学 3	安装（给水排水）	基于 BIM 技术的 ××× 工程给水排水工程施工组织设计及造价编制
4	同学 4	安装（暖通）	基于 BIM 技术的 ××× 工程暖通工程施工组织设计及造价的编制
5	同学 5	安装（电气）	基于 BIM 技术的 ××× 工程机电安装工程投标文件的编制

2.3.2 团队工作流程

具体分工可以参照工作流程图 2-3。

1. 分组建模

其中同学 1、同学 2 为土建小组，同学 3 ~ 同学 5 为机电安装小组。土建小组的同学负责完成土建工程的建模工作，包括土建建模和钢筋建模，机电安装小组负责机电安装工程的建模工作，包括给水排水工程、暖通工程和电气工程的建模。

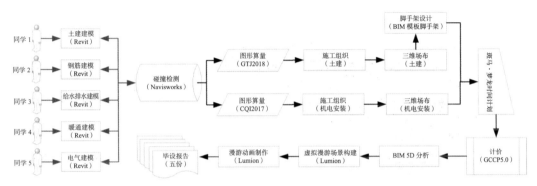

图 2-3 毕业设计分工流程图

2. 碰撞检查

两个小组分别完成建模工作后，利用 Navisworks 软件进行碰撞检测，主要检查建筑与结构之间的不合理关系问题，比如扶手、栏杆与柱子之间的关系；检查结构与管线之间的关系，是否存在相互碰撞的问题，图 2-4 为管线与结构梁碰撞点截图；检查暖通管线、电气桥架、给水排水管线、校方管线之间的关系是否合理等。发现错漏部分，返回到 Revit 中修改模型。

图 2-4 碰撞截图

3. 图形算量

在模型确认无误后，导入到广联达图形算量软件中，进行图形算量。土建小组将土建模型导入到 GTJ2018 软件中进行图形算量，图 2-5 为该工程 GTJ 算量模型。机电安装小组将模型导入到广联达 GQI2017 软件中进行图形算量。在将 Revit 模型导入到广联达软件中时，有可能会出现模型破损或者错误情况，这主要是由于两种软件之间的兼容问题造成，需要同学在图形算量软件中将错误的模型进行修改和调整。

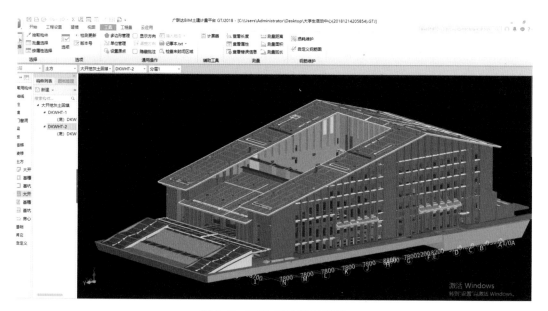

图 2-5　工程 GTJ 算量模型

4. 编写施工组织设计文档及三维场布

两个小组分别完成各自施工组织设计文档的编写工作，机电安装小组的施工组织设计可以按专业分别编写，土建小组的施工组织设计文档由两名同学共同完成，形成一份文档。两个小组完成施工组织设计后，开始进行三维施工现场布置，按照在施工组织设计中施工场地平面布置图，建立相应的三维场布模型。按照先土建、后安装的工序，安装小组也要建立相应的三维场布模型，在材料堆场布置方面，应符合安装工程的要求。图 2-6、图 2-7、图 2-8 分别为该工程基础平面布置图、主体平面布置图和场布三维模型图。

5. 施工进度计划

土建小组完成施工现场布置后，应建立模板脚手架模型，然后利用 Project 和广联达斑马·梦龙软件进行施工进度计划，绘制土建工程施工横道图和双代号时标网络图。机电安装工程一般不需要建立脚手架模型，可以直接利用 Project 和斑马·梦龙软件绘制横道图和双代号时标网络图。图 2-9 为该工程双代号时标网络图部分截图。

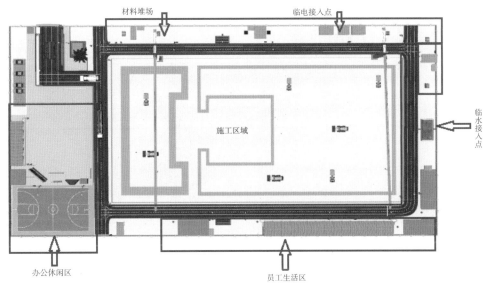

图 2-6 工程基础三维施工现场布置图

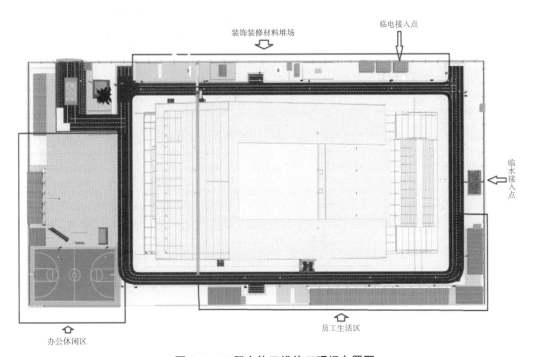

图 2-7 工程主体三维施工现场布置图

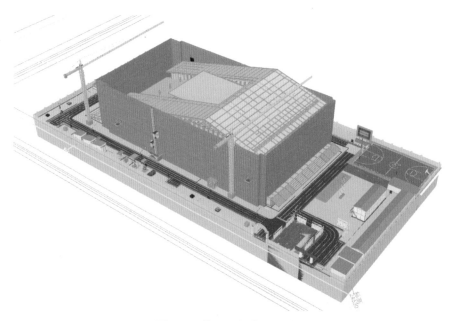

图 2-8　施工现场布置三维图

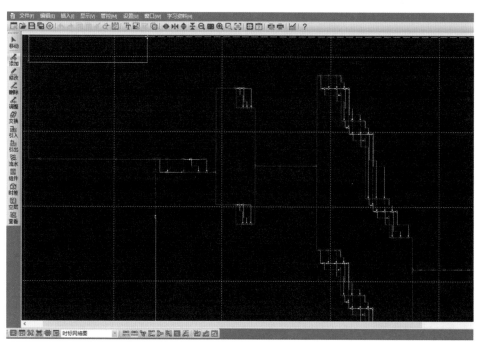

图 2-9　工程双代号时标网络图

6. 组价

土建小组和机电安装小组分别利用广联达云计价平台 GCCP5.0 完成计价工作。机电安装小组可以按专业分别完成各自专业的计价工作。

7. BIM 5D 分析

利用广联达 BIM 5D 软件进行分析，主要包括以下工作内容：

（1）快速校核标的工程量清单

利用 BIM 模型提供的工程量快速测算或校核标的工程量，对资金进行把控，加强对后期资金成本控制，方便后期资金流转。

（2）施工模拟

利用 BIM 技术对施工组织设计中的关键施工方案、施工进度计划展开可视化动态模拟，直观呈现项整体部署及配套资源的投入状态，充分展现施工组织设计的可行性。图 2-10 为该工程 BIM5D 虚拟建造模拟与资金资源变化截图。

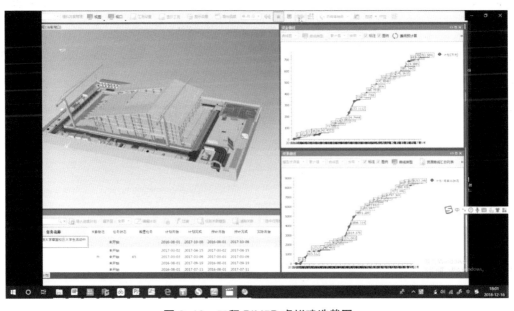

图 2-10　工程 BIM5D 虚拟建造截图

（3）施工组织设计优化

通过利用广联达 BIM 5D 产品对整个施工总进度进化校核，工程建造提前模拟，根据资源调配及技术方案划分施工流水段，实现整个工况、资源需求及物料控制的合理安排。同时利用曲线图，关注波峰波谷，对于施工计划从成本层面进行进一步校核，优化进度计划。

8. 虚拟漫游展示

两个小组的同学在完成 BIM 5D 分析后，利用 Lumion 软件共同完成虚拟场景的搭建（需要高性能计算机硬件支持），将模型导入 Lumion 软件进行漫游，并录制漫游视频，利用视频编辑软件（会声会影）对录制的视频进行编辑，加入解说和配音，形成

3D 动画视频。图 2-11 为该工程虚拟漫游视频截图。

　　根据任务要求，每个同学完成自己的毕业设计报告的编制工作，并准备 PPT 演讲稿准备答辩。

图 2-11　工程虚拟漫游视频截图

BIM 建模

团队成员分工协作，集体研究图纸，协商分解任务、图纸，按照任务要求将图纸分解成建筑、结构、强电弱电、给水排水、采暖通风图纸，根据分工、任务和图纸分别用 Revit 完成建筑、结构、强电弱电、给水排水、采暖通风模型，利用插件将建好的模型导出为 GFC 文件，然后将 GFC 文件分别导入广联达 BIM 土建计量平台 GTJ2018 组建成完整的土建算量模型，导入广联达 BIM 安装算量软件 GQI2017 组建成完整的安装算量模型。图 3-1 为 BIM 建模流程图。

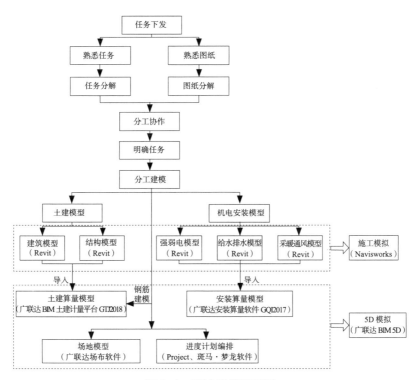

图 3-1 BIM 建模流程图

3.1 土建建模

在用 Revit 建立模型之初，必须考虑后续的信息整合与使用方式，具体的过程如下：

1. 开始新项目：进行建模之前，需进行项目设定工作，其中分成设置项目和建立敷地平面两项工作，在设置项目时，其过程为：建立项目→指定项目信息→指定地理位置→建立营造阶段→提供模型上下链接信息。

2. 建立模型：进行模型绘制，其过程为：建模初期设置→加入基本建筑元素→监视模型→加入更多元素到模型→精细化模型。该工程模型如图 3-2 所示。

图 3-2 活动中心三维精细模型图

3. 建立模型文件：为了更好地与其他模型融合，共享模型信息，需要进一步完善模型信息，形成完整的模型工程文件，其过程为：建立模型图面→批注图面→建立明细表→加入详图→精细化图纸→共享模型工程文件→追踪修订信息。如图 3-3、图 3-4 所示。

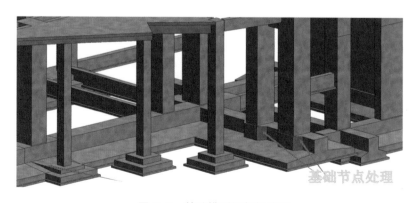

图 3-3 基础模型细部标注图

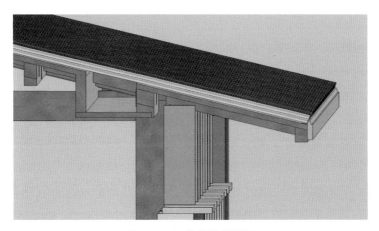

图 3-4　天沟挑檐模型图

4.方案展现：整合不同专业模型为一个完整模型，各专业在完整模型的基础上，协同方案设计，制定 BIM 协同实施方案。

3.2　机电安装建模

1.机电安装建模总体流程（见图 3-5）。

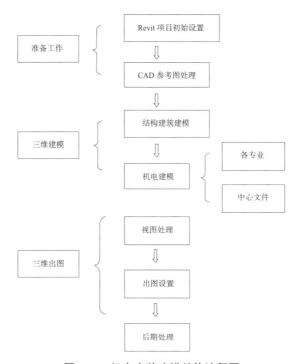

图 3-5　机电安装建模总体流程图

2. Revit 项目基本设置。

样板文件的使用：水、暖、电专业不使用中心文件引用样板文件；机电专业使用中心文件引用样板文件。

项目机电：统一项目基点（默认为隐藏），在标高为 ±0.000 的平面视图（默认为楼层平面标高 1）中显示隐藏图元，将项目基点显示出来并取消隐藏，可绘制两条轴网并将其交点对其项目基点，并锁定。建立项目统一轴网、标高的模板文件，各工作模型采用复制监视、链接该文件的方式，为工作模型文件定位。

项目标高：开始建模前，确定本层楼层的标高，底部标高为本层建筑完成面标高，顶部标高为上一层结构面标高，相应标高及视图名称对应修改。绘图时在相应标高平面中绘制，梁在顶部结构标高平面上绘制，结构柱、建筑及机电在标高为建筑完成面的平面视图上绘制。如果结构比较复杂，涉及很多降板，建议使用相对结构面标高偏移的方法，其他没必要的标高不要设定，避免混乱。例如，左边为结构设定标高，右边为机电设定标高，其中距建筑完成面 2.4m 的标高为业主方要求最低标高。如图 3-6 所示。

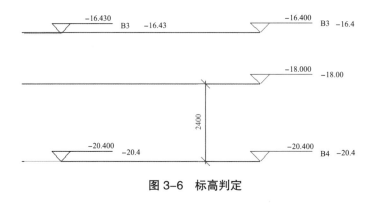

图 3-6　标高判定

项目单位：项目中所有模型均应使用统一的单位与度量制，默认的项目单位为毫米（带 2 位小数），用于显示临时尺寸精度；标注尺寸样式默认为毫米，带 0 位小数，因此临时尺寸显示为 3000.00（项目设置），而尺寸标注则显示为 3000（尺寸样式）；二维输入/输出文件应遵循为特定类型的工程图规定的单位与度量制，1 DWG 单位 = 1 米，与项目坐标系相关的场地，1 DWG 单位 = 1 毫米，图元、详图、剖面、立面和建筑结构轮廓；机电管网定位及留洞尺寸的度量单位为 50mm。

设置视图样板：选用默认的项目样板开始画图，也可从其他项目中"传递项目标准"。或根据需要设置平面、立面、剖面、详图在几种常用比例下的样板（基础样板在各专业模板中设置）。

3. CAD 参考图处理及链接。

我们建模用 CAD 图纸作为参考，直接链接进 Revit 比较占用资源，所以在不影响绘图的前提下，链接 CAD 参考图前应先对 CAD 图进行处理，具体如下：

清理未使用项，并另存 t3（以天正图为例）格式。清理也适用于 Revit，管理清除未使用项。清理可以使项目瘦身，运行时节约资源，另存 t3 格式将天正对象全部转化为 CAD 对象，避免出现"从多图纸文件复制图纸到新文件中，部分文字凌乱"问题。

将清理过的图纸（含有三维对象）整理为二维：在 CAD 的立面视图（如左视图）中查看图纸是否为一条直线（建议打开解冻全部图层）。若不是，删除直线以外内容，避免链接入 Revit 时，文件过大。对于需要参考的专业图纸，可以定好基点之后将建筑部分对象全部删除再链接入 Revit，如果电脑配置高，则不需要。也可以不链接 CAD 图纸，在完成土建部分的建模之后直接对照 CAD 图纸在 MEP 中建模。

确定 CAD 图纸基点：由于机电图纸一般只保留机电部分，为保证机电图纸导入到 Revit 中时能和建筑结构模型吻合，需要设置 CAD 底图基点。

参考图链接：在定好基点的 Revit 项目中链接参考图时，相关设置如图 3-7 所示，参考图链接完成，在 Revit 平面视图中将项目基点与底图基点对齐并锁定底图。

图 3-7　参考图链接设置图

4. Revit 建模。

在 Revit 中建筑平面视图中链接土建模型，定位为"原点对原点"，并锁定链接，分专业建模。

（1）机电建模注意事项：

①绘制管道（风管及桥架）时，点击编辑类型，把类型名称全部改为对应管道名称，如"给水管"，并设置好各种类型管道的首选连接件、三通形式、材质、连接类型及压力等级等，如给水管类型，可选用 T 形三通、焊接、铜管、硬钎焊、1.0MPa。

②插接母线用类型为"矩形 - 法兰 - 标准"风管代替，弯头为 90° 弯。

③在排布时，注意防火卷帘等高度限制，若高度不足，考虑改变走向。

④排布时考虑到方便打支架，风管，桥架尽量底平布置。

⑤ Revit 默认的管道风管桥架标高均为中心标高。

⑥风管管件应按需要采用不同类型管件，默认风管三通很多曲率半径太大，可通过编辑族自行按需修改（曲率半径 0.6）。

⑦在建模过程中切忌描图，CAD 底图只是用来参考大致走向，实际走向应综合各专业认真考虑。

⑧在大型设备未定时，大型机房可先不画，等机房外全部排布整理完，再绘制机房。对于小型空调机房等，从机房往外绘制比较合适，确定好从机组到出机房风管的标高，小型的空调机房在绘制工程中应加以完善。如果机房暂时未绘制的，也要考虑好机房的综合排布把空间预留出来，不然后期完善时会有很大问题。

（2）颜色设置：

一般项目颜色设置主要采用两种方式：

①注释：注释的优点是后期标注的时候可以直接使用注释，但是在修改局部时，又需要重新注释。机电着色统一按注释来分类。以后可按类型名称或系统名称注释。在"属性 - 注释"中写上对应管道名称，并着色。除线槽带填充样式外其他均只需设置外轮廓线的颜色，线宽。当然在三维视图中可相应的进行实体填充。

②系统：按系统注释方便之处在于局部修改后不用再注释，但是在标注时需重新添加注释。

注释名称及颜色设置如表 3-1 所示。

注释名称及颜色设置表　　　　　　　　　　表 3-1

系统名称	注释	RGB 值	颜色
空调送风系统	KSF	0-255-255	RGB 0 255 255
空调回风系统	KHF	255-153-255	RGB 255 153 255
排风系统	PF	255-153-0	RGB 255 153 0
送风系统	SF	0-255-255	RGB 0 255 255
空调冷热水供水	KG	0-191-255	RGB 0 191 255
空调冷热水回水	KH	0-255-255	RGB 0 255 255
冷凝水系统	LN	0-127-255	RGB 0 127 255
采暖供水	CG	255-127-159	RGB 255 127 159
采暖回水	CH	153-76-95	RGB 153 76 95
循环冷却水供水	LQG	0-0-255	RGB 0 0 255
循环冷却水回水	LQH	0-128-192	RGB 0 128 192
生活热水供水	RG	153-51-51	RGB 153 51 51

续表

系统名称	注释	RGB 值	颜色
生活热水回水	RH	127-0-127	RGB 127 0 0
消火栓系统	XHS	255-0-0	RGB 255 0 0
自动喷淋系统	ZP	255-0-255	RGB 255 0 255
污水系统	W	0-128-128	RGB 0 128 128
废水系统	F	255-128-0	RGB 255 128 0
雨水系统	Y	0-255-255	RGB 0 255 255
中水系统	Z	0-128-64	RGB 0 128 64
给水系统	J	0-255-0	RGB 0 255 0
凝结水系统	NJ	0-127-255	RGB 0 127 255

由于电气专业没有系统注释,采用过滤器控制颜色,电气过滤器表格如图 3-8 所示。

名称	可见性	投影/表面		
		线	填充图案	透明度
弱电桥架	☑			
火警设备电源电话线	☑			
灯具导线	☐			
照明设备导线	☐			
消防桥架	☑			
强电桥架导线	☐			
消防桥架导线	☑			
弱电桥架导线	☐			
应急照明设备导线	☐			
火警设备信号导线	☑			
火警设备防火门监控线	☑			
通讯设备导线	☑			
火警设备广播设备导线	☑			
电视电话设备导线	☐			
安防设备导线	☑			
强电桥架	☐		替换…	替换…

图 3-8　电气过滤器表格截图

综合图管线排布着色完成后,把建筑功能标注上,复制多份视图并重新命名视图,以便各专业 CAD 出图。如暖通专业防排烟、空调风、空调水;给水排水专业给水排水、消火栓、喷淋;电气专业强电和弱电,设置样板分别出图。该工程采暖通风模型图如图 3-9 所示,消防给水排水模型图如图 3-10 所示,机电模型图如图 3-11 所示。

（3）模型详细程度:

①暖通模型:具体详细程度和构建类型见表 3-2。

暖通模型构建类型	表 3-2

设备	空气处理机组
	制冷机组
	变量制冷剂机组
	冷却塔
	室内和室外分体式空调机组
	排风风机
	冷热水泵、冷却水泵、水箱
风管及风阀	风管主管、控制阀、连接件，风管包括送 / 回风主管、排风主管
管道及阀门	水管主管、控制阀、连接件，水管包括冷冻 / 回水、热水送 / 回水、冷却送 / 回水以及冷凝水排水

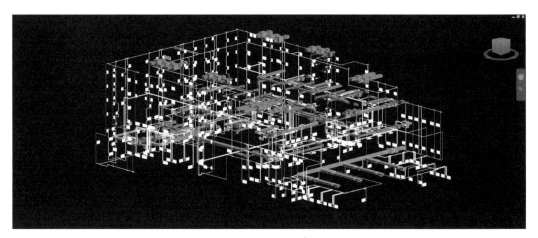

图 3-9　采暖通风模型图

②给水排水模型：具体详细程度和构建类型见表 3-3。

给水排水模型构建类型	表 3-3

设备	给水泵、消防泵、水箱、增压设备、消火栓、灭火器、喷头
管道及阀门	水管主管、管件、阀门，水管包括热水主管、市政给水主管、加压给水主管、污废水排水主管、雨水主管、消火栓主管、喷淋主管

③电气模型：具体详细程度和构建类型见表 3-4。

电气模型构建类型	表 3-4

设备	变压器、高低压开关柜、发电机、灯具、箱体等设备布置
管道	金属桥架、线管

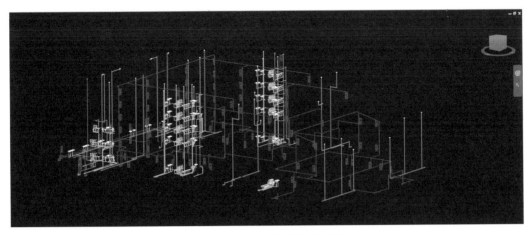

图 3-10　消防给排水模型图

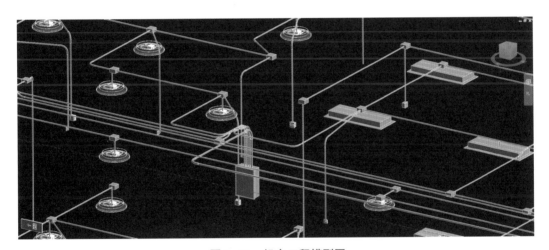

图 3-11　机电工程模型图

5. 管线综合调整

（1）总体原则

尽量利用梁内空间。绝大部分管道在安装时均为贴梁底走管，梁与梁之间存在很大的空间，尤其是当梁高很大时。在管道十字交叉时，这些梁内空间可以被很好的利用起来。在满足弯曲半径条件下，空调风管和有压水管均可以通过翻转到梁内空间的方法，避免与其他管道冲突，保持路由通畅，满足层高要求。

（2）避让原则

①有压管让无压管，小管线让大管线，施工简单的避让施工难度大的。

无压管道内介质仅受重力作用由高处往低处流，其主要特征是有坡度要求、管道杂质多、易堵塞，所以无压管道要保持直线，满足坡度，尽量避免过多转弯，以保证排水顺畅以及满足空间高度。有压管道是在压力作用下克服沿程阻力沿一定方向流动。一般来说，改变管道走向，交叉排布，绕道走管不会对其供水效果产生影响。因此，当有压管道与无压管道相碰撞时，应首先考虑更改有压管道的路由。

②小管道避让大管道。

通常来说，大管道由于造价高、尺寸重量大等原因，一般不会做过多的翻转和移动。应先确定大管道的位置，后布置小管道的位置。在两者发生冲突时，应调整小管道，因为小管道造价低且所占空间小，易于更改路由和移动安装。

③冷水管道避让热水管道。

热水管道需要保温，造价较高，且保温后的管径较大。另外，热水管道翻转过于频繁会导致集气。因此在两者相遇时，一般调整冷水管道。

④附件少的管道避让附件多的管道。

安装多附件管道时要注意管道之间留出足够的空间（需考虑法兰、阀门等附件所占的位置），这样有利于施工操作以及今后的检修、更换管件。

⑤临时管道避让永久管道。

新建管道避让原有管道；低压管道避让高压管道；空气管道避让水管道。

（3）垂直面排列管道原则

热介质管道在上，冷介质在下；无腐蚀介质管道在上，腐蚀介质管道在下；气体介质管道在上，液体介质管道在下；保温管道在上，不保温管道在下；高压管道在上，低压管道在下；金属管道在上，非金属管道在下；不经常检修管道在上，经常检修的管道在下。

（4）管道间距

考虑到水管外壁、空调水管、空调风管保温层的厚度。电气桥架、水管，外壁距离墙壁的距离，最小有100mm的距离，直管段风管距墙距离最小150mm，沿构造墙需要90°拐弯风道及有消声器、较大阀部件等区域，根据实际情况确定距墙柱距离，管线布置时考虑无压管道的坡度。不同专业管线间距离，尽量满足现场施工规范要求。

（5）考虑机电末端空间

整个管线的布置过程中考虑到以后送回风口、灯具、烟感探头、喷洒头等的安装，合理地布置吊顶区域机电各末端在吊顶上的分布，以及电气桥架安装后防线的操作空间以及以后的维修空间，电缆布置的弯曲半径不小于电缆直径的15倍。上述为管线布置基本原则，管线综合协调过程中根据实际情况综合布置，管间距离以方便安装、维修为原则。

（6）碰撞检测

通过软件对模型中不同系统间的矛盾冲突进行检测查找，并形成相关的报告和图纸。如图 3-12 风管与板碰撞图,图 3-13 暖管与风管碰撞图,图 3-14 消防管与板碰撞图,图 3-15 暖管与梁碰撞图。

①使用 Revit 进行碰撞检查:协作→碰撞检查→选择系统→进行检查→输出报告→查找碰撞区域→进行调整。

②使用 Navisworks 进行碰撞检测。

首先确定需要检测的区域或楼层,在 Revit 模型中独立出这一区域并生成 NWD 文件,并保证生成的文件包含所要检测的系统。

其次,在 Navisworks 中,将不同系统进行相应的集合划分,确保不遗漏,不多选。

最后,选择 Clash Detective 进行碰撞检测,生成分系统的碰撞检测报告。

图 3-12　风管与板碰撞图

图 3-13　暖管与风管碰撞图

图 3-14　消防管与板碰撞图

图 3-15　暖管与梁碰撞图

如果是由于模型本身不精确产生的碰撞,且对设计和施工不会产生影响,将模型调整即可;如果因为设计本身导致碰撞或者设计不易于施工,应汇总、定位,并结合设计平面图,将问题反馈给相关专业,由相关方进一步完善设计及模型。

4

BIM 施工组织设计

基于 BIM 的施工组织设计应包括以下一些核心内容：施工组织设计的编制说明，包括编制原则及编制依据；工程概况介绍，包括总体概况、建筑设计概况、结构设计概况、周边环境情况以及项目的重点难点说明等；项目组织架构，即项目经理部组成、人员配置及职责、工作流程等规定；项目施工方案，包括施工部署、测量方案、土方开挖方案、钢筋工程施工方案、混凝土工程施工方案、防水工程施工方案、土方回填施工方案、砌筑工程施工方案、脚手架工程施工方案、塔式起重机及施工电梯安拆方案等；施工总平面布置，包括布置原则、依据以及布置方案；资源投入计划及保障措施，包括劳动力资源、材料周转计划、机械设备需求计划等；进度计划及保障措施，包括进度总目标、进度网络图、进度计划优化措施、工期保障措施等；质量控制及保证措施、冬雨期施工措施、安全文明施工措施等。

下面将针对这些核心内容进行详细论述。

4.1 施工组织设计编制说明

在编制施工组织设计文档时，首先要给出编制说明，包括编制的原则和依据，即所有采取的施工措施和方案应在该原则基础之上来进行编制。

4.1.1 编制原则

编制原则主要包括以下原则。

1. 方案优化的原则

科学组织，合理安排，优化施工方案是工程施工管理的行动指南。在施工方案的编制中，对雨水沟、雨污水管线、道路恢复等施工方案综合比选，从而选定一种较好的施工方案。

加强领导，强化管理，优质高效。在积极推广和使用"四新"技术的基础上，确保创优规划和质量目标的实现。施工中强化标准管理，加强内部核算管理，降低工程成本，提高经济效益。

在施工组织上，科学配置施工要素，选派有施工经验的管理人员，组织专业化施工队伍，投入高效先进的施工设备，确保建设资金的周转使用，选用优质材料，确保人、财、物及设备的科学合理配置。

从合理利用临时占地、便于施工、搞好文明施工等多角度出发，合理调配工程材料进场的行进路线，合理规划办公场所、宿舍、材料堆置以及机械停置的空间布局。

2. 安全原则

在施工组织设计的编制中始终按照技术可靠、措施得力、确保安全的原则确定施工方案。编制内容必须符合《建筑施工安全检查标准》JGJ 59—2011、《建筑施工高处作业安全技术规范》JGJ 80—2016、《建筑施工扣件式钢管脚手架安全技术规范》JGJ 130—2011、《建筑机械使用安全技术规程》JGJ 33—2012 等安全技术规范要求。做到防火、防毒、防洪、防尘、防雷击、防坍塌、防物体打击、防机械伤害、防高空坠落、防环境污染等。

编制施工组织设计文档时需要制定严谨可行的安全保障措施和安全监管体系，并且落实对施工组织设计的安全性审查工作，设计好施工过程中的安全责任体系，保证在施工先行规划中不出现安全问题方面的疏漏，贯彻落实安全原则。

3. 确保工期的原则

确保按时完成合同要求的工作内容是编制施工组织设计的重要目的之一，同时也是在编制施工组织设计的过程中需要牢记的原则。统一组织配置施工资源，设计合理的施工方案的顺序，设置切实有效的工期控制体系以及出现意外情况时的赶工计划。这些都是按时完成工程的计划保障，也是在编制施工组织设计时需要时刻注意的问题。

满足合同工期要求是施工过程中的重中之重，因此要根据招标文件对工程的工期要求，编制科学的、可行的、周密的施工方案，做好施工方案技术交底，合理安排施工进度计划，实行网络控制，组织各工序之间的施工顺序，安排好各个阶段的用人安排，实施进度监控，特别要抓住重点控制工序和部位，在关键线路上的工作要确保按时按量完工，以此控制工期进度确保实现工期目标，满足业主要求。

4.1.2 编制依据

编制依据主要包括以下文件及规范。

1. 编制依据的文件

（1）工程经图纸审查机构审查通过的各专业施工图：建施、结施、给水排水、强电、暖通等专业工程。

（2）工程的招标文件：招标文件中的要求工期、工程量清单、合同条款等。

（3）施工现场勘察调查得来的资料和信息：

1）工程施工范围内的现场条件；

2）工程地质及水文地质、气象等自然条件；

3）工程有关资源的供应情况。

（4）国家及地方政府现行的有关建筑法律、法规、条文。

2. 编制依据的行业规范

《房屋建筑与装饰工程量计算规范》GB 50854—2013

《建设工程工程量清单计价规范》GB 50500—2013

《建筑施工组织设计规范》GB/T 50502—2009

《建设工程施工合同（示范文本）》GF-2017—0201

《建筑地面工程施工质量验收规范》GB 50209—2010

《建筑工程施工质量验收统一标准》GB 50300—2013

《混凝土结构工程施工质量验收规范》GB 50204—2015

《砌体结构工程施工质量验收规范》GB 50203—2011

《建筑工程项目管理规范》GB/T 50326—2017

《建筑工程绿色施工规范》GB/T 50905—2014

《工程建设施工企业质量管理规范》GB/T 50430—2017

3. 编制依据的行业规程

《建筑变形测量规程》JGJ 8—2016

《建筑地基处理技术规范》JGJ 79—2012

《钢筋焊接及验收规范》JGJ 18—2012

《混凝土泵送施工技术规程》JGJ/T 10—2011

《钢筋机械连接技术规程》JGJ 107—2016

《建筑施工安全检查标准》JGJ 59—2011

《建筑施工安全检查标准》JGJ 59—2011

《施工现场临时用电安全技术规范》JGJ 46—2005

4.2　工程概况

详见 2.2 BIM 案例背景信息。

4.3　项目组织架构

选配在同类工程总承包管理中具有丰富施工经验的工程技术和施工管理人员组成项目部,配备项目管理人员共计 23 人。

项目组织架构如图 4-1 所示。

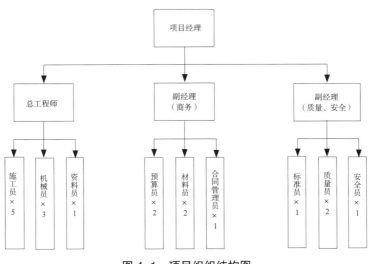

图 4-1　项目组织结构图

各类人员职责请详见《建筑与市政工程施工现场专业人员职业标准》JGJ/T 250—2011。

4.4　施工方案

4.4.1　施工总体部署

总体思路:本工程基础、地下室、一层施工拟分为 4 个施工区,二层及以上主体施工拟分为 2 个施工区,每个施工区单独组织施工,互不干扰。施工过程合理控制砌体、粗装修、机电安装、外立面、精装修等工程的插入时间。

1. 施工部署原则

结合本工程特点,从人员、机械、材料、方法、环境等方面制定科学合理的施工部署,确保本工程工期、质量、安全、环境保护等目标的顺利实现。

1)人员方面

(1)选择综合素质高、具有丰富同类工程施工经验的项目经理及项目管理人员组成项目经理部。

(2)选择长期合作、劳动力充足、信誉良好的专业施工队伍。

2）机械方面

（1）施工机具本着高效、实用的原则最充足地配置。

（2）本工程选择2台塔式起重机，1部施工电梯。现场设应急柴油发电机1台。

3）材料方面

（1）为本工程施工准备资金专用账户，确保专款专用，保证工程材料及时、充足进场，并制定科学的进场计划。

（2）建立合格材料供应商管理体系，严格保证进场材料质量。

（3）材料进场后统一规划堆放，存放整齐、安全，避免损耗。

4）施工方法

施工方法具有科学性、安全性、经济性，采用新技术、新工艺、新材料，各分部分项工程施工方案的选择重点以确保工期、质量、安全为目标。

5）环境影响

（1）综合考虑工程施工对施工场地、界面的影响，提前编制相应的协调措施专项施工方案。

（2）本工程可能会存在夜间施工现象，提前编制专项施工方案，减少夜间施工对校园正常教学及学生生活的影响。

2. 区段划分

1）土方开挖阶段

（1）土方开挖阶段根据开挖深度划分为两个区（一区、二区），同时施工互不影响，见图4-2。

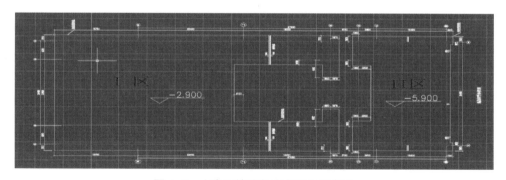

图4-2 土方开挖阶段流水划分示意图

（2）土方开挖后进行基础砂石垫层施工，施工顺序为一区砂石垫层完成至标高 -2.300m，流水至二区砂石垫层完成至 -5.300m。

2）基础、-1层、1层阶段

（1）本阶段场地分为六个区域，根据工程量大致相等的原则划分四个流水施工段，以 5-6 轴为分界线，流水方向为：A01 → B01 → A02 → B02。见图 4-3。

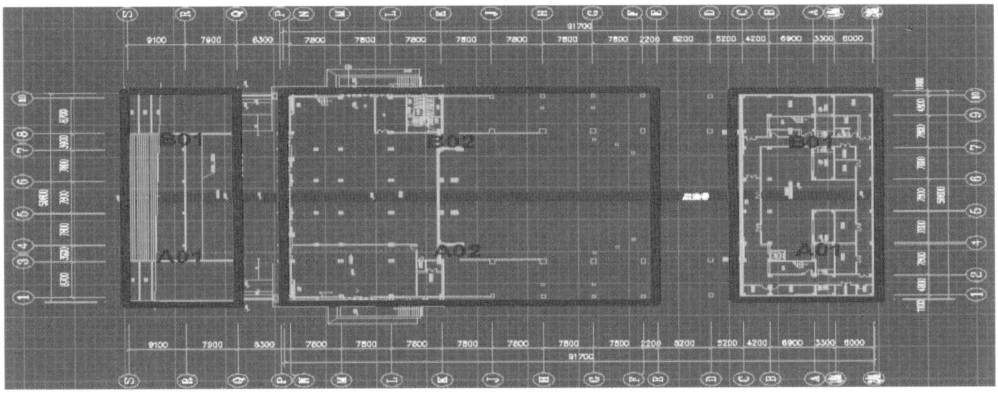

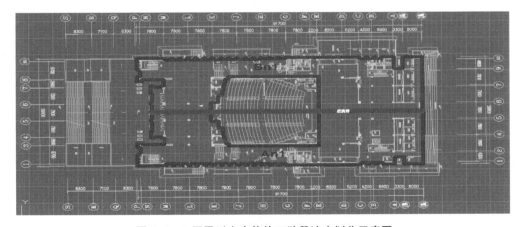

图 4-3 基础、1 层施工阶段流水划分示意图

（2）基础结构施工工序为钢筋施工→模板支设→混凝土浇筑。

（3）-1 层、1 层、室外台阶施工工序为：柱（剪力墙）钢筋→模板→梁板钢筋→混凝土。

（4）模板统一采用木模板，模板随着流水施工进行周转和补充。

（5）施工时材料垂直运输工具为两台 60m 塔式起重机，水平方向采用手拖车或人力运输。

（6）地下室外墙施工完毕后及时插入土方回填，按需拓宽场地道路。

3）2 层及以上主体施工阶段

（1）地上主体施工阶段（2 层~屋面）分为 A、B 两个流水施工段施工（n 为层数），见图 4-4。

图 4-4 2 层及以上主体施工阶段流水划分示意图

（2）每层流水施工方向为 A → B 段。

（3）现场满配 A 区 2 层水平木板一套,垂直模板三套,并且随着流水施工向上周转,场地保持 500m² 新模板随时补充。

（4）主体 2 层夹层施工完成后,布置右侧 SCD200/200G 施工电梯一台,在施工电梯附近设置模板脚手架堆场。

（5）主体砌筑结构完工后,拆除西北角塔式起重机,现场留一台塔式起重机和一台施工电梯作为垂直运输工具。

（6）主体结构室外采用落地式双排脚手架,布置双层密目网安全防护网。

（7）主体结构施工完成验收后,插入砌体结构施工,同层内依照结构施工流水组织方式进行。

4）装饰装修阶段

（1）装饰装修阶段不分流水段,层内按照作业面大小组织施工（图 4-5）。

（2）抹灰工程在给水排水完成 2 层夹层施工后插入、从 –1 层向屋面进行施工。

（3）3 ~ 6 层的天棚吊顶作业在 4 层机电设备完成安装工作后插入,从底层向高层进行施工。

（4）地砖踢脚线在 3 层抹灰工程完成后插入,从 –1 层向 6 层进行施工。

（5）门窗工程在本层抹灰工作完成后插入,–1 层抹灰完成后进行本层门窗安装工作。

（6）外挂石材安装工作及外墙装饰在屋面抹灰完成后插入,从上向下进行,随着施工进度将外脚手架逐渐拆除。

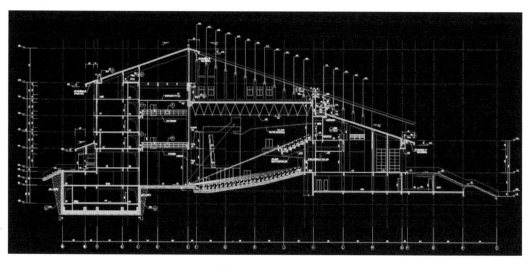

图 4-5　装饰装修阶段流水划分示意图

4.4.2 测量施工方案

1. 施工测量程序

测量交接→施工场地测量→建立施工测量控制网→工程定位→地下室施工测量→主体施工测量→装修施工测量→竣工测量。

2. 主要测量设备选择表

主要测量设备见表 4-1。

主要测量设备表　　　　　　　　　　　　表 4-1

序号	简图	名称	型号	数量	用途	精度
1		全站仪	Leica TS30	1 套	平面控制网高层控制网的测设、验收测量、坐标测	0.5"1mm + 1ppm
2		电子水准仪	Leica SPRINTER250	2 套	高程控制网测量、沉降观测	0.7mm/km
3		垂准仪	DZJ200	1 套	平面控制点竖向传递	1/200000

其他辅助仪器、工具、配件:弯管目镜、棱镜、塔尺、钢卷尺、反射接收片、磁铁线坠、三脚架、对讲机等。

为确保测量的精确度，避免由于仪器原因带来的测量偏差，各种测量仪器与工具均需经过国家认证的计量检定部门或单位检验合格，并在鉴定有效期内使用。

3. 测量控制网布设

1）利用全站仪进行平面轴线的布设。根据设计图纸，采用闭合测设控制点，并经有关部门复验通过后，设置轴线点的控制桩，定位出全轴线，并做好显著标记。建立施工控制网点必须经过初定、精测和检测三步。

（1）初定:把施工控制网点的设计坐标放到地面上，此阶段可以用打入的 5mm×5mm×30mm 的木桩作埋设标志。

（2）精测:施工控制网点初定并将标桩埋设好后，将设计的坐标值精密测定到标板上。在施工过程中，每当施工平面测量工作完成后，进入竖向施工，在施工中，每当墙、柱拆模后，应在墙体里面测出建筑 1m 线或结构 1m 线（1m 线相当于每层设计标高而定，以供下道工序的使用）。

（3）检测:精测时点位在现场作了改正，但为了检查是否错误以及计算控制网的测量精度，必须进行检测，测角用经纬仪测两个测回，距离往返观测，最后根据所测得的数据进行平差计算坐标值及测量精度。

当每层平面或每段轴线测设完后，进行自检，合格后向监理报验。自检时，要重点检查轴线间距、纵横轴线交角，保证几何关系正确。

验线时，允许偏差见表 4-2。

验线允许偏差值表 表 4-2

线长 L	允许偏差（mm）
$L \leq 30m$	± 5mm
$30 < L \leq 60m$	± 10mm
$L > 60m$	15mm

轴线的对角线尺寸，允许误差为边长误差 2 倍；外轮廓轴线夹角允许误差 1'。

2）根据业主提供的高程控制点，用电子水准仪进行闭合检查，布设一套高程控制网。

首先依据设计给定的标高水准点，用水准仪引测至现场并设置两处标高控制点，作为施工标高、沉降观测基准点。一层核定完后，将施工标高控制引测到一层外柱身上，二层以上标高传递用钢尺垂直量取，每次传递都必须从基准线起始，每分段必须在四角传递，取平均值。

高程控制点必须用混凝土保护，砌砖维护，外设平面 1.5m × 1.5m，高 1m 的钢管围护，并挂写有"相对高程水准点 ×××"字样的标牌。

4. 地下室施工测量

地下室施工阶段测量拟采用外控法进行基础平面轴线的控制，利用地面上轴线控制点，向基坑内投测各条轴线。轴线控制点外移至基坑外固定的建筑物或地标上，并在基坑内设置木桩作为地下结构的平面控制点。

5. 主体施工测量

主体施工阶段测量拟采用内控法进行平面轴线的控制，利用激光垂准仪进行竖向投点。在通视条件良好、便于观测控制的位置布设内控点。在传递控制点的楼面预留孔上设置光靶，将控制点位用激光投测到施工层后，先复核距离和角度，确认无误后即可进行主轴线的引测。

1）平面控制点的竖向传递。

在内控基准点设置楼层的控制点上架设激光垂准仪，通过楼层测量洞口将平面控制点投测到施工楼层，用激光接收板接收。如图 4-6、图 4-7 所示。

图 4-6　楼层板上预留测量洞口示意图

图 4-7　控点竖向传递示意图

浇筑混凝土后木盒不拆除，通过激光接收点，在木盒上口四边分别钉上小钉，对点时用麻线绷紧在小铁钉上以交出中心点。

楼层轴线引测：分别在投测点上架设全站仪（内控基准点设置层直接在内控基准点上架设全站仪）。

2）对垂直投测到施工楼层上的点进行距离、角度检查合格后，按设计尺寸放出各轴线及墙柱模板施工控制线，并以此为依据，控制和调整模板的垂直度，满足工程施工要求。同样在竖向结构边缘 200 ~ 300mm 处做好测量标记。如图 4-8 所示。

图 4-8　施工楼层测量放样示意图

3）施工高程传递。

高程传递采用 50m 钢尺沿外架向上传递。抄平时，应尽量将水准仪安置在测点范围的中心位置，并进行一次精密定平。

6. 装修阶段施工测量

1）室内 500mm 控制线：校核结构施工时墙柱上的 500mm 线，引测到内隔墙上，所有墙柱上的 500mm 线作为门窗洞口、专业管线、地面等高度的控制基准。

2）外墙垂直轴线与高程均由内控轴线和高程点引出，转移到外墙立面上，弹出竖向、水平控制线，以便外墙装修。

4.4.3 土方工程方案

1. 准备工作

1）熟悉施工图纸，编制土方开挖施工方案并经审批，对有关施工人员进行技术交底。

2）组织有关人员现场勘察地形、地貌，实地了解施工现场及周围情况，清除地面及地上障碍物。

3）组织测量人员进行桩位交接验收及复测工作，测设土方开挖控制点。

2. 主要机具

反铲挖掘机、土方运输车、测量仪器、铁锹、手推车、手锤、梯子、铁镐、撬棍、龙门板、小白线或 20# 铅丝、钢卷尺、坡度尺等。

3. 施工要点

基坑开挖应按放线定出的开挖宽度，预留一层 300mm 厚土用人工清底找平，避免超挖和基底土遭受扰动。

基坑边角部位、桩的周围等机械开挖不到的部位，应用少量人工配合开挖和清底、清坡，将松土清理至机械作业半径范围内，再用机械装车运走或在旁边堆放。

开挖完成后在边缘上侧堆土或堆放材料时，应与基坑边缘保持 1.2m 以上的距离，以保证基坑边坡的稳定。

4. 土方开挖

1）基坑开挖从北侧先进行，考虑现场道路便利性，出土位置设置在西南侧，合理安排基坑施工顺序是本次基础开挖的重点。

（1）机械开挖

根据规划红线或建筑物方格进行开挖。开挖时应按从上往下分层分阶段依次进行，随时做成一定坡势。本工程采用机械挖土，由于挖土深度为 2.9m 和 5.9m，因此机械开挖值接近设计标高 200 ~ 300mm 的土层时为止。

（2）人工开挖

在接近设计标高 200 ~ 300mm 厚的土层时，采用人工开挖和修整，边挖边修坡，以保证不扰动土和标高符合设计要求。

2）土方开挖必须分层分块进行，每步开挖严禁超挖，坡面开挖后，应先坡面预喷混凝土，以防坡面土塌落。土方开挖阶段总共分为一、二两个区域，开挖顺序为先开挖一区，再开挖二区。

开挖效果如图 4-9 所示。

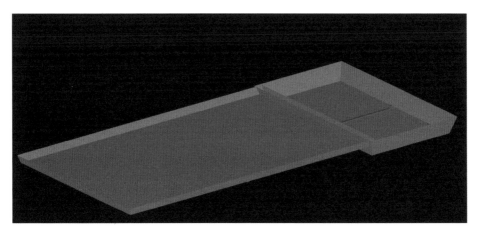

图 4-9　开挖效果图

5. 土方回填

本工程基础采用 2∶8 灰土回填，采用本项目基础开挖的土回填基础。

1）材料准备

对回填土要进行严格的质量检查，土内不得含有砖头、石块等杂物，也不得含有有机杂质。使用前应过筛，其粒径不大于 50mm，结合现场情况，控制回填土的最佳含水量在 8% ~ 12%；现场检查以手抓成团，松手散开为宜。如含水率偏高，可采用松土晾晒、均匀掺入干土等措施；如遇回填土的含水率偏低，可采用预先洒水润湿等措施。

2）回填土作业条件及施工准备

（1）回填前，应对基础混凝土、地下防水层、保护层等进行检查验收。并要办好隐检手续。混凝土强度应达到可承受被动土侧压力的要求，方可进行回填土施工。

（2）回填土施工前，将基坑内的水、杂物等清理干净。

（3）施工前，做好抄平标志，在基坑或边坡上，每隔 1m 钉上标高控制标识，用以控制回填分层厚度。

（4）回填施工前根据基坑情况绘制回填土土方平面图和剖面图；确定分层厚度和回填层数；并根据设计、规范要求，确定环刀取样位置、数量。

（5）回填土前，取土样到试验室做土工击试验，以确定回填土的最优含水率和最大干密度。

3）工艺流程

底处理→检验土质→分层铺土、整平→夯打密实→取样验收→下一层回填→回填到顶。土方回填效果如图 4-10 所示。

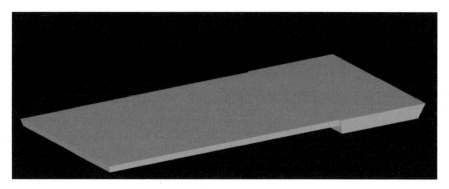

图 4-10　土方回填效果图

4）土方回填操作要点

（1）基底处理

填土前应将基坑底的垃圾杂物等清理干净；将回落的松散土、砂浆、石子等清除干净。

（2）检验土质

本工程采用基坑开挖的土回填，回填土进场后要进行严格的质量检查，土内不得含有砖头等杂物，也不得含有有机杂质。使用前应过筛，其粒径不大于 50mm，回填土的最佳含水率状态应控制在 8% ~ 12%；现场检查以手抓成团，松手散开为宜。如含水率偏高，可采用松土晾均匀掺入干土等措施；如遇回填土的含水率偏低，可采用预先洒水润湿等措施。

（3）分层铺土与打夯

分层铺摊，每层铺土厚度为 200 ~ 250mm，每层铺摊后，随之耙平；每层至少夯打三遍，本工程采用蛙式打夯机，打夯应一夯压半夯，夯夯相连，纵横交叉，并且严禁采用水浇使之下沉的所谓"水夯"法。

（4）现场取样

每层回填土压实后，按规范要求，结合现场情况，每 300m² 取样一组，进行环刀取样，取样部位为每层压实后的土层的下半部，即：应先除去该层土上部的 2/3 厚度，在其底部 1/3 处取样。保证压实系数不小于 0.93，合格后，方可进行上一层回填施工，并做好回填记录，回填接槎采取 45° 斜坡，上、下层接槎要错开 1m 以上，填土全部完成后，应进行表面拉线找平，凡高出允许偏差的地方，应及时依线铲平；凡低于规定高程的地方应补土夯实。

（5）按以上方法分层回填到顶。基坑的回填应连续进行，尽快完成。

5）回填土质量验收

填土压实后的干密度应有 90% 以上符合设计要求，且其余 10% 的最低值与设计值之差，不得大于 0.08t/m³，且不应集中。

6）应注意的质量问题

（1）施工中注意天气状况，雨前应及时夯完已填土层或将表面压光，并做成一定的坡度，以利排除雨水。

（2）为能及时回填土，基础混凝土结构等项目在施工过程中或完成后及时申请监理、建设方、监督站进行检查验收，在外观合格的情况下，提早开始基础回填，基础混凝土、水泥砂浆的最终质量评定以混凝土、水泥砂浆试块 28d 强度结果评定为准。

（3）土方回填施工时，要注意保护外墙防水不受破坏，在离防水保护层外 200mm 及转角范围内要采用人工夯实。如意外破坏了防水层，要及时上报，修补检验合格后方可继续回填。

4.4.4 钢筋工程施工方案

1. 钢筋加工

1）钢筋除锈

现场钢筋加工单位钢筋除锈主要采用钢丝刷手工除锈。带颗粒状或片状生锈，除锈后仍有严重的麻坑、蚀孔的钢筋均不得使用。

2）加工机具要求

（1）切断不得有"飞边"，对切断刀具距离随时调整。

（2）弯曲直径不同的钢筋，弯曲机要配备不同的中心轴及偏心轴，严格按规范要求执行。

（3）用于直螺纹连接钢筋下料时，必须使用无齿锯下料，保证平直，不得有翘曲、弯扭。

（4）手工弯曲的卡盘、轴距及扳手应配套使用。

3）钢筋加工的一般要求

（1）下料前要熟悉图纸，依据图纸审核料单。下料过程中，注意设计和规范的各项要求，钢筋的弯折长度、弯折角度、搭接长度、平直长度以及高度等都需注意，发现问题及时与技术人员联系，防止下料中尺寸出现偏差。

（2）各种钢筋下料及成型的第一件产品必须自检无误后方可成批生产，外形尺寸较复杂的应由配料工长和质检员检查认可后方可继续生产。

（3）钢筋表面应洁净，无泥土、油污和壳锈，否则应清除干净后使用。受到机械损伤或有裂缝、锈坑的钢筋严禁使用。除锈及钢筋清理应在钢筋绑扎前完成。

（4）钢筋直螺纹接头，应按国家现行标准及行业标准分批取样送检合格后，方可用于现场。进行直螺纹车丝的工人必须持证上岗，使用力矩扳手进行钢筋直螺纹连接施工检测。

（5）钢筋切断时应根据不同长度长短搭配，统筹配料，一般应先断长料，后断短料，减少短头，减少损耗。断料时应避免用短尺量长料，以防止在量料中产生累计误差。在安装钢筋切断机的刀片时应注意螺丝要紧固，刀口要密合，应根据钢筋的直径粗细调整固定刀片与冲切刀片刀口的距离，以防止产生马蹄或起弯现象。如在切断过程中发现钢筋有劈裂、缩头和严重的弯头应予以切除。

（6）使用钢筋弯曲机时应根据钢筋等级、直径所要求的圆弧弯曲半径大小及时更换弯心轴套，保证钢筋弯曲半径符合规范要求。

（7）钢筋加工的形状、尺寸必须符合设计要求，钢筋的表面应洁净无损伤，油渍、漆污和铁锈等应在使用前清除干净，钢筋应平直无局部曲折。钢筋加工的允许偏差应符合下列规定：对于厚度小于或等于 200mm 的构件，其钢筋位置的公差应为 ±10mm；厚度大于 200mm 的构件，公差为 ±13mm。

（8）配料成型应以一层为一个单位制配。每个配料房旁的码放区应分为粗钢筋、箍筋、附加筋三个区。挂牌标明层高、轴线号。箍筋制配完毕，应按直径、尺寸大小分类码放，以便于发放。附加钢筋制配完毕应单独码放。钢筋发放一律以翻样单数量为准，以避免遗漏、缺失或多发。

4）钢筋验收

（1）钢筋加工的允许偏差符合下列规定：受力钢筋顺长度方向全长的净尺寸允许偏差 ±10mm。

（2）加工的钢筋无油污和严重锈蚀现象。

（3）箍筋弯钩平直部分长度满足要求，平行段长度一致，角度满足要求；加工人员进行全数检查，钢筋工长和质量检查人员抽查。

（4）加工的其他钢筋由加工人员全数检查，钢筋下料人员抽查。

2. 钢筋冷挤压连接

1）施工准备

（1）原材料要求

①钢筋：应具有出厂合格证。

②钢套筒的材质为低碳素镇静钢，其机械性能应满足要求，钢套筒表面不得有裂缝、折叠、结疤等缺陷。

（2）作业条件

①参加操作人员已经过培训、考核，可持证上岗。

②挤压设备经检修、试压，符合施工要求。

③钢筋端头经过清理，刻划标记，用以确认钢筋伸入套筒的长度。

2）操作工艺

工艺流程图如图 4-11 所示。

图 4-11　钢筋冷挤压连接流程图

操作细则:

（1）清杂物、试套:挤压连接前应首先清除钢套筒和钢筋被挤压部位的铁锈和泥土杂质;同时将钢筋与钢套筒进行试套,如钢筋端头呈现马蹄型或鼓胀套不上时,用手动砂轮修磨矫正。

（2）地面挤压半接头:为了提高钢筋连接速度,减少现场作业强度,可将后接钢筋一端的接头在地面上做好,另一端到现场挤压。地面挤压时,先将液压系统调试好,压模内涂抹润滑油,将套管安放在压模内,再将钢筋穿入套管,根据钢筋上的刻划控制钢筋的伸入长度（也可使用钢筋限位器控制）,准备就绪后开始挤压,达到预定挤压力后回油松开压模,取出半套管接头。挤压从套管中心向端头分道进行,操作所用挤压力、压模宽度、压痕直径或挤压后套筒长度的波动范围以及挤压道数,均应符合经型式检验确定的技术参数要求。钢筋挤压示意图见图 4-12。

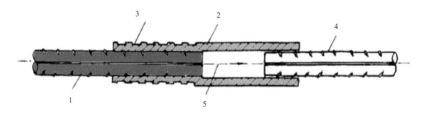

图 4-12　钢筋挤压连接示意图

1—已挤压钢筋;2—钢套筒;3—压痕;4—未挤压钢筋;5—钢套管与钢筋的中轴线（应重合）

（3）施工区完成钢筋挤压:地面挤压半接头完成后,即可将此钢筋运至现场开始连接,将半套管接头套入结构上待连接的钢筋（此钢筋应预先进行处理、试套）,然后挤压机就位,放置压模,开始挤压过程,挤压完毕后移出挤压机。

3. 钢筋的绑扎

1）受力钢筋保护层厚度（见表 4-3）

基础底板保护层垫块采用花岗石垫块;其他部位墙、柱、梁侧面保护层控制采用加工的"F"形支撑棍、梯形筋以及塑料垫块相结合。

钢筋保护层厚度表　　　　　　　　　　表 4-3

防水混凝土部件或构建	地下室底板、承台			地下室外墙		其他
	承台	板	梁	墙	柱	独立基础
保护层厚度（mm）	上 50 下 100	上 20 下 50	上 25 下 50	内 20 外 50	内 30 外 50	40

2）纵向受拉钢筋的锚固长度（见表 4-4）

纵向受拉钢筋的锚固长度表　　　　　　　表 4-4

锚固类型	锚固长度
直锚固	不应小于直径的 60 倍
弯锚	不小于直径的 40 倍

3）纵向受拉区钢筋的搭接长度

钢筋直径为 28mm 或更小，可搭接长度不小于直径的 40 倍。

直径为 32mm 或更大的钢筋应采用机械连接。

4）钢筋接头位置

凡搭接接头中心位于该连接区段长度内的搭接接头均属于同一连接区段，同一连接区段接头面积百分率不大于 50%。

5）钢筋绑扎施工的一般要求

（1）钢筋绑扎的准备工作：

①核对半成品钢筋的品种、规格、级别、形状、尺寸和数量等是否与配料单相符。如有错漏，应纠正增补。

②备好绑扎丝、绑扎工具、钢筋定位架、塑料定位卡，塑料垫块、水泥砂浆垫块。

③对于形式复杂的结构部位和节点，绑扎前应先研究逐根钢筋穿插就位的顺序，并与模板工联系讨论支模和绑扎钢筋的先后顺序，以减少绑扎困难，提高施工效率。

（2）绑扎原则。

绑扎必须遵循"七不绑"：①没有弹线不绑；②施工缝没有剔除浮浆不绑；③没有清刷污筋不绑；④没有查钢筋偏位不绑；⑤没有纠正偏位钢筋不绑；⑥没有检查钢筋甩头长度不绑；⑦没有检查钢筋接头合格与否不绑。所有绑扎竖向钢筋的绑扎丝头一律向内，不得外露，以防时间长后扎丝生锈影响混凝土外观。

（3）底板钢筋绑扎工艺流程：

弹线→底板、集水坑、基础梁下网筋（底板短向筋在上、长向筋在下）→放垫块→搭设钢筋马凳支撑结构→底板上网筋（底板短向筋在下、长向筋在上）→墙、柱插筋。

（4）墙体钢筋绑扎工艺流程：

放验墙身及门窗洞线，整理预留钢筋→暗柱钢筋绑扎→绑扎竖向梯子筋→绑扎竖向钢筋→绑扎水平梯子筋→绑扎纵横筋→绑扎 S 形拉筋→固定保护层垫块。

（5）梁钢筋绑扎工艺流程：

支梁底模板→画主次梁箍筋间距→放主梁次梁箍筋→穿主梁底层纵筋及弯起筋→穿次梁底层纵筋并与箍筋固定→穿主梁上层纵向架立筋→按箍筋间距绑扎→穿次梁上层纵向钢筋→按箍筋间距绑扎→支侧模及顶板模板。

（6）楼梯钢筋绑扎工艺流程：

铺设楼梯底模→画位置线→绑平台梁主筋→绑踏步板及平台板主筋→绑分布筋→绑负弯矩筋→安装踏步板侧模→验收→浇筑混凝土。

4.4.5　混凝土工程施工方案

1. 设计要求

1）混凝土环境类别要求

详见 2.2.4。

2）混凝土强度等级

详见 2.2.4。

3）混凝土抗渗等级（见表 4-5）

混凝土抗渗等级表　　　　　　　　　　　　　　　　表 4-5

部位或构建	地下室底板外墙	地下室顶板
抗渗等级	P6（0.6MPa）	P6（0.6MPa）

水泥强度等级不低于 42.5MPa；水泥品种应采用普通硅酸盐水泥、矿渣硅酸盐水泥或火山灰硅酸盐水泥。泵送防水混凝土入泵坍落度控制在（120±20）mm 之内。

4）混凝土外加剂规定

所有外加剂均应符合国家或行业标准一等品及以上的质量要求，外加剂质量及应用技术应符合现行国家标准《混凝土外加剂》GB 8076、《混凝土外加剂应用技术规范》GB 50119 等和有关环境保护的规定。

本工程后浇带处采用微膨胀混凝土填充，外加剂品种和抗渗量应经试验确定。

2. 作业条件

1）地基土质情况、地基处理、基础轴线尺寸、基底标高情况等均经过勘察、设计、监理单位验收，并办理完隐蔽检验手续。

2）根据设计及规范要求进行，要求混凝土拌合站进行混凝土配合比试配，校核混凝土配合比。原材料的复试、台秤经校准、检定合格。混凝土采用商品供应，要求商品混凝土站提供混凝土合格证。

3）浇筑混凝土的模板、钢筋、顶埋件及管线等全部安装完毕，钢筋已隐蔽验收，并进行了质量评定，预埋件、预留洞位置已复核，并经有关部门确认。

4）浇筑混凝土用的架子及马道已支搭完毕，并经检查合格。

5）墙体、柱、梁、板钢筋已按要求绑扎，并应有可靠的定位与混凝土保护层措施。

6）墙体、柱的施工缝已按要求把松散混凝土及混凝土软弱层剔除干净，露出石子，并浇水湿润，无明水。

7）检查完模板下口、洞口及角模处拼接，重点检查大模板拼接处是否严密，柱加固是否可靠，各种连接件及支撑是否牢固，是否按要求进行加固等。

8）现场工长已对班组长交底，明确混凝土浇筑顺序，以及结合浆的数量。振捣器（棒）经检验试运转合格。

9）"混凝土浇筑申请"已由现场工长填写完毕，并经技术负责人签字确认，报监理单位。

10）工长根据施工方案已对操作班组进行全面施工技术培训，重要部位必须安排专人进行操作。

3.施工机具

1）混凝土配制、运输工具:混凝土搅拌车、混凝土输送泵、混凝土布料杆、手推车、小翻斗车。

2）小型工具:插入式振捣棒、铁锹、溜槽、铝合金刮杠、木抹子、小线,混凝土吊斗、铁插尺、胶皮水管、铁板、串桶、混凝土标尺杆。

3）垂直运输工具:塔式起重机,混凝土泵车。

4.施工进度

1）按照施工总体计划部署，为保证进度目标实现，混凝土工程按流水段及实际进度安排施工。

2）其主要控制阶段的混凝土工程施工进度（每段必保工期）控制如下:

（1）基础部分底板混凝土施工时间安排 2d;

（2）基础部分地下室墙体、柱、顶板混凝土安排 2d;

（3）主体结构标准层墙体、柱、顶板混凝土安排 2d。

5.施工工艺

1）工艺流程

作业准备→混凝土搅拌→混凝土运输→泵送→基础底板 / 柱 / 梁 / 板 / 剪力墙 / 楼

梯混凝土浇筑与振捣→养护。

2）操作工艺

本工程混凝土由商业混凝土拌合站统一拌制，由混凝土罐车运输，汽车泵泵送入模。

（1）作业准备

①浇筑前应将模板内的垃圾、泥土等杂物及钢筋上的油污清除干净，并检查钢筋的保护层垫块是否垫好，钢筋的保护层垫块是否符合规范要求。

②采用胶合模板时应浇水使模板湿润。墙及柱模板的扫除口应在清除杂物及积水后再封闭。

③施工缝的松散混凝土及混凝土软弱层已剔除干净，露出石子，并浇水湿润，无明水。

（2）混凝土运输

混凝土从搅拌机卸出后，装入混凝土搅拌泵，并及时运送到浇筑地点。运输过程中尽量减少周转环节，防止混凝土产生离析。如发现有离析现象，必须运回混凝土搅拌站重新进行搅拌，并视混凝土产品质量再决定是否可以运往浇筑地。

（3）混凝土泵送

①混凝土运送到浇筑地点，采用混凝土汽车输送泵及时将混凝土输送到作业点。

②泵送混凝土时必须保证混凝土泵连续工作，如果发生故障，停歇时间超过45min 或混凝土出现离析现象，应立即用压力水或其他方法冲洗管内残留的混凝土。用水冲出的混凝土严禁用在永久建筑结构上。

（4）混凝土浇筑与振捣

①混凝土自出料口下落的自由倾落高度不得超过 2m，浇筑高度如超过 3m 时必须采取措施，用串桶或溜管等。

②浇筑混凝土时应分段分层连续进行，浇筑层高度应根据混凝土供应能力，一次浇筑方量、混凝土初凝时间、结构特点、钢筋疏密综合考虑决定，一般厚度为400 ～ 500mm。

③使用插入式振捣器应快插慢拔，插点要均匀排列，逐点移动，顺序进行，不得遗漏，做到均匀振实。移动间距不大于振捣作用半径的 1.25 倍（一般为 300 ～ 400mm）。振捣上一层时应插入下层 5 ～ 10cm，以使两层混凝土结合牢固。振捣时，振捣棒不得触及钢筋和模板。表面振动器（或称平板振动器）的移动间距，应保证振动器的平板覆盖已振实部分的边缘。

④浇筑混凝土应连续进行。如必须间歇，其间歇时间应尽量缩短，并应在前层混凝土初凝之前，将次层混凝土浇筑完毕。间歇的最长时间应按所用水泥品种、气温及混凝土凝结条件确定，一般超过 2h 应按施工缝处理。

（5）浇筑混凝土时应经常观察模板、钢筋、预留孔洞、预埋件和插筋等有无移动、变形或堵塞情况，发现问题应立即处理，并应在已浇筑的混凝土初凝前修正完好。

6. 基础、底板混凝土浇筑

1）基础混凝土垫层浇筑

基础 C15 混凝土垫层应一次浇筑成型，有防水要求的垫层要表面压光。

2）基础底板混凝土浇筑

①基础底板较厚，混凝土工程量大，因此，混凝土施工时，必须考虑混凝土散热的问题，防止出现温度裂缝。

②因本工程无厚度大于 1m 的基础底板，所以无需编制专项的大体积混凝土施工方案。

③混凝土必须连续浇筑，一般不得留置施工缝，必须留置施工缝时应按设计要求的位置设置。

④混凝土应分层连续进行，间歇时间不超过混凝土初凝时间，且不超过 2h。每一层浇捣应分层下料，厚度控制在 40 ~ 50cm（振动棒的有效振动长度）。层与层采用踏步式阶梯状，每浇筑完一个台阶停顿 0.5h 待其混凝土下沉，再浇上一层。施工中防止由于下料过厚、振捣不实或漏振、模板的根部砂浆涌出等原因造成蜂窝、麻面或孔洞。

⑤防水混凝土要用机械振捣密实，一般采用插入式振捣器，插入要迅速，拔出要缓慢，振动到表面泛浆无气泡为止，插点间距应不大于 40cm，严防漏振。上层振捣棒插入下层 3 ~ 5cm。尽量避免碰撞预埋件、预埋螺栓，防止预埋件移位。

⑥混凝土浇筑后，表面比较大的混凝土，使用平板振捣器振捣一遍，然后用刮杆刮平，再用木抹子搓平。收面前必须校核混凝土表面标高，不符合要求的立即整改。

⑦浇筑混凝土时，经常观察模板、支架、钢筋、螺栓、预留孔洞和预留管有无移动情况，一经发现有变形、走动或位移时，立即停止浇筑，并及时修整和加固模板，然后再继续浇筑。

⑧已浇筑完的混凝土，应在 12h 左右覆盖和浇水养护。一般常温养护不得少于 7d，特种混凝土养护不得少于 14d。养护设专人检查落实，防止由于养护不及时，造成混凝土表面开裂。

7. 柱的混凝土浇筑

1）柱浇筑前底部应先填 5 ~ 10cm 厚与混凝土配合比相同的减石子砂浆，柱混凝土应分层浇筑振捣，使用插入式振捣器时每层厚度不大于 50cm，振捣棒不得触动钢筋和预埋件。

2）柱高在 2m 之内，可在柱顶直接下料浇筑，超过 2m 时，应采取措施（用串桶）或在模板侧面开洞口安装斜溜槽分段浇筑。每段高度不得超过 2m，每段混凝土浇筑后将模板封闭严实，并用箍箍牢。

3）混凝土的分层厚度采用混凝土标尺杆计量每层混凝土的浇筑高度，混凝土振捣人员必须配备充足的照明设备，保证振捣人员能够看清混凝土的振捣情况。

4）柱子混凝土应一次浇筑完毕，如需留施工缝时应留在主梁下面，无梁楼板应留在柱帽下面。在与梁板整体浇筑时，应在柱浇筑完毕后停歇 1～1.5h，使其初步沉实，再继续浇筑。

5）浇筑完成后，应及时将伸出的搭接钢筋整理到位。

8. 梁、板混凝土浇筑

1）梁、板应同时浇筑，浇筑方法应由一端开始用"赶浆法"，即先浇筑梁，根据梁高分层浇筑成阶梯形，当达到板底位置时再与板的混凝土一起浇筑，随着阶梯形不断延伸，梁板混凝土浇筑连续向前进行。

2）和板连成整体、高度大于 1m 的梁，允许单独浇筑，其施工缝应留在板底以下 2～3mm 处。浇捣时，浇筑与振捣必须紧密配合，第一层下料慢些，梁底充分振实后再下第二层料，用"赶浆法"保持水泥浆沿梁底包裹石子向前推进，每层均应振实后再下料，梁底及梁侧部位要注意振实，振捣时不得触动钢筋及预埋件。

3）梁柱节点钢筋较密时，此处宜用小粒径石子同强度等级的混凝土浇筑，并用小直径振捣棒振捣。

4）浇筑板混凝土的虚铺厚度应略大于板厚，用平板振捣器垂直浇筑方向来回振捣，厚板可用插入式振捣器沿浇筑方向拖拉振捣，并用铁插尺检查混凝土厚度，振捣完毕后用长木抹子抹平。施工缝处或有预埋件及插筋处用木抹子找平。浇筑板混凝土时不允许用振捣棒铺摊混凝土。

5）施工缝位置：宜沿次梁方向浇筑楼板，施工缝应留置在次梁跨度的中间 1/3 范围内。施工缝的表面应与梁轴线或板面垂直，不得留斜槎。施工缝宜用木板或钢丝网挡好。

6）施工缝处需待已浇筑混凝土的抗压强度不小于 1.2MPa 时，才允许继续浇筑。在继续浇筑混凝土前，施工缝混凝土表面应凿毛，剔除浮动石子和混凝土软弱层，并用水冲洗干净后，先浇一层同配比减石子砂浆，然后继续浇筑混凝土，应细致操作振实，使新旧混凝土紧密结合。

9. 剪力墙混凝土浇筑

1）如柱、墙的混凝土强度等级相同时，可以同时浇筑混凝土。

2）剪力墙浇筑混凝土前，先在底部均匀浇筑 5～10cm 厚与墙体混凝土同配比减石子砂浆，并用铁锹入模，不应用料斗直接灌入模内。

3）浇筑时，要将泵管中混凝土喷射在溜槽内，由溜槽入模。注意随时用布料尺杆丈量混凝土浇筑厚度，分层厚度为振捣棒作用有效高度的 1.25 倍（一般 ϕ50 振捣棒作用有效高度为 470mm）。

4）浇筑墙体混凝土应连续进行，上下层混凝土之间时间间隔不得超过水泥的初凝时间，间隔时间一般不应超过 2h，每层浇筑厚度按照规范的规定实施。严格按照墙体混凝土浇筑顺序图的要求按顺序分层浇筑、振捣。混凝土下料点应分三点布置。在混凝土接槎处应振捣密实，浇筑时随时清理落地灰。因此必须预先安排好混凝土下料点位置和振捣器操作人员数量。

5）洞口进行浇筑时，洞口两侧浇筑高度应均匀对称，振捣棒距离洞边 ≥ 30cm，从两侧同时振捣，以防洞口变形。大洞口下部模板应开口，并保证振捣密实。

6）在钢筋密集处或墙体交叉节点处，要加强振捣，保证密实。

7）振捣棒移动间距应小于 40cm，每一振点的延续时间以表面泛浆为宜，为使上下层混凝土结合成整体，振捣器应插入下层混凝土 5 ~ 10cm。振捣时注意钢筋密集及洞口部位，为防止出现漏振，需在洞口两侧同时振捣，下灰高度也要大体一致。大洞口的洞底模板应开口，并在此处浇筑振捣。

8）墙体混凝土浇筑高度应高出板底 20 ~ 30mm。混凝土墙体浇筑完毕之后，将上口甩出的钢筋加以整理，用木抹子按标高线将墙上表面混凝土找平。

9）墙体混凝土的施工缝宜设在门洞过梁跨中 1/3 区段，应留垂直缝。接槎处应振捣密实。浇筑时随时清理落地灰。

10. 楼梯混凝土浇筑

楼梯段混凝土自下而上浇筑，先振实底板混凝土，达到踏步位置时再与踏步混凝土一起浇捣，不断连续向上推进，并随时用木抹子（或塑料抹子）将踏步上表面抹平。

施工缝位置：楼梯混凝土宜连续浇筑，对于一跑楼梯的施工缝应留置在楼层平台处部位；对于多跑楼梯的施工缝应留置在楼梯段 1/3 的部位。

11. 施工缝处理

底板施工缝留在底板上 300mm 处，墙体留在顶板下皮上 10mm 处，柱施工缝留在梁下皮 50mm 处，楼板施工缝留在楼板面处。

所有施工缝在浇筑混凝土达到 1.2MPa 后，进行剔除施工缝处软弱层，对混凝土做毛化处理。

有防水要求的施工缝应按要求固定好止水条，浇筑混凝土前施工缝必须清理干净，不得有泥土杂物，确保与混凝土结合良好。

12. 拆模养护

常温时混凝土强度大于 1.2MPa 时拆模，拆模时应保证墙体不粘模、不掉角、不裂缝，及时修整墙面、边角。

混凝土浇筑完毕后，应在 12h 以内加以覆盖和浇水。常温及时喷水养护，养护时间不少于 7d，浇水次数应能保持混凝土有足够的润湿状态。

4.4.6 防水工程施工方案

1. 施工要求

1）防水工程必须由防水专业队施工。

2）防水施工人员必须持证上岗。

3）做防水层时基层含水率不得大于 9%。

4）防水材料、产品应有合格证，现场取样复试合格后才能使用。

5）屋面、厕浴间防水工程施工完后，一定要按规定进行蓄水试验（屋面也可做 2h 淋水试验或中雨后检查），合格后方可进行下一道工序。

2. 防水施工

1）卫生间橡胶沥青防水涂料"一布四涂"防水施工。

（1）在施工前将基底清理干净，尤其是阴阳角处、管根处等部位不得有尖锐杂物存在，基层含水率不得超过 9%。

（2）找平层在转角处要抹成小圆角。泛水坡度应合适，不得局部积水。

（3）与找平层相连接的管件、卫生器具、地漏、排水口等必须安装牢固，收头圆滑，用密封膏嵌固之后才能进行防水层施工。

（4）小管必须做套管，先做管根防水，用建筑密封膏封严，再做地面防水层与管根密封膏搭接一体。四周卷起 100mm 高与立墙部分水平接好。

（5）在地漏、管道根、阴阳角等易漏水的薄弱部位先铺"一布二油"做补强附加处理。

（6）一布四涂施工时，先在基层上均匀涂刷第一遍涂料，待涂料表干后，铺贴无纺布，接着涂刷第二遍涂料，无纺布的搭接宽度不应小于 70mm。第二遍涂料实干 24h 后，再涂刷第三遍涂料，表干 4h 后，涂刷第四遍。

（7）卫生间面积小，光线不足，通风不好，设人工照明和通风设备，各工种交叉作业要配合好，具体施工时要有成品保护措施。

（8）防水层作完后，蓄水 24h 无渗漏后再做面层。

2）屋面防水工程。

屋面采用聚氨酯涂膜防水层。

（1）基层条件：找平层已做完隐蔽工程验收，平整、干燥，含水率不得大于 9%，含水率可用以下简单测法：用一块 1m×1m 的油毡，平铺在找平层表面上，静置 3～4h 后翻起，如覆盖油毡的基层表面和周围相同（无明显水印），则可认为含水率符合要求；管根、阴阳角等部位做成 50mm 的小圆弧；雨水口处按设计坡度值计算后再低

10 ~ 20mm，以保证局部无积水。

（2）基层处理应表面满刷底涂一层，底涂应干燥固化 4h 以上，方可进行下道工序。

（3）复杂部位附加层：管根、阴阳角等防水薄弱部位事先做好附加层，进行局部增强处理。

（4）配制聚氨酯涂膜：将聚氨酯甲、乙组分和二甲苯按照 1∶1.5∶0.3 的比例配合，搅拌均匀备用。

（5）涂膜防水层施工：用长把滚刷将配制好的涂膜均匀涂布在底涂已干固定的基层上，涂布时应厚薄一致，厚度为 0.6mm。第一遍涂膜应固化 5h 后，在基本不粘手时，涂刷第二遍涂膜，方向与第一遍垂直，厚度为 0.5mm。

4.4.7　门窗工程施工方案

1. 塑钢窗安装

1）工艺流程：

弹线找规矩→门窗洞处理→连接件安装→窗框安装固定→窗扇安装→门窗口四周密封嵌缝→安装五金配件→安装纱窗密封条。

2）操作工艺：

从顶层向下弹外窗口纵向边线，横向弹出窗口水平位置线，对有偏差的窗口进行处理，确保纵横跟线。

窗框安装在安装线后调整正侧面垂直、水平度和对角线尺寸合格后，用对拔楔子临时固定。

窗框与墙体连接采用墙内安装膨胀螺栓与窗框连接件紧固的方法，连接件间距为 380mm。该做法的特点是：塑钢窗与结构固定牢固，同时减小窗与墙体的缝隙，使固定件由受弯变为受剪，可大大增加塑钢窗体的风压抵抗能力。

窗框与洞口墙体采用弹性连接，框四周缝隙内分层填入玻璃棉毡条，框边留 5 ~ 8mm 深的槽口，嵌填防水密封胶。

密封条安装时要留自伸缩余量，要长出装配边长 20 ~ 30mm，在转角处应斜面断开并用黏结剂粘牢。

2. 木门安装

1）工艺流程：

弹线找规矩→门框安装→门扇安装。

2）操作工艺：

根据 + 50cm 水平线弹出门框安装标高，使同一楼层内门框安装高度一致。

木门框靠墙、靠地一面应刷防腐涂料，其他各面及活扇均应涂刷清油。

木门框安装在地面工程施工前完成,安装时先将门框就位,用木楔将门框临时固定,调整正侧面垂直、水平度和对角线尺寸合格后,用电钻在门框内侧打 $\phi 8$ 孔,一直打进混凝土墙6cm深,然后在门框处钻8mm深 $\phi 10$ 孔,最后安装M6内膨胀螺栓固定,每边3点固定。

门扇安装前检查门口尺寸、边角方正,合格后方可安装。

根据门口尺寸对门扇进行修刨。修刨分两次进行:第一次修刨应使门扇能塞入门口;按门扇与口边缝合适尺寸画出二次修刨线;第二次修刨后即可安装合页。

合页安装时门框和门扇要同时剔槽,并在剔槽时弹线,防止剔槽过大或过深,影响门的安装质量。

4.4.8　砌筑工程施工方案

1. 设计要求

砌筑施工设计要求如表4-6所示。

砌筑设计要求表　　　　　　　　　　　　　　　　　表4-6

设置位置	围护墙	卫生间、电梯井、管道井	轻型分隔墙	备注
砌块材料	非承重空心砖	承重空心砖	轻质板墙	所有砂浆均应采用预拌砂浆
砌块强度等级	MU5.0	MU10	优等品	
墙体厚度	详见建施图	详见建施图	详见建施图	
砂浆材料	预拌混合砂浆	预拌预拌混合砂浆	预拌混合砂浆	
砂浆强度等级	M5.0	M5.0	M5.0	
砌块容许容重	11.40kN/m³	14.40kN/m³	1.00kNm²	砌体施工质量控制等级为B级

2. 施工流程

砌筑施工流程如图4-13所示。

3. 施工工艺

1)砌筑墙体前将楼地面灰渣杂物及高出部分清除干净,墙体拉结筋、构造柱钢筋应按要求植筋完毕。

2)砌筑墙体前,在混凝土墙柱上排版,根据排版高度,在满足砌块模数的条件下设置拉结筋。

3)砌筑采用"三一"砌筑法,即"一铲灰、一块砖、一挤揉"的操作方法,竖缝宜采用挤浆或加浆的方法,使砂浆饱满,严禁用水冲洗灌缝。

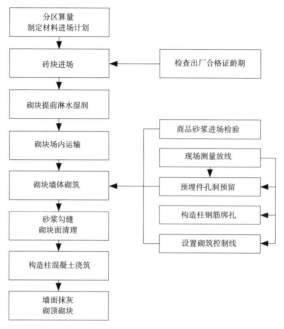

图 4-13　砌筑施工流程图

4）砌筑时先在墙上划出皮数，对洞口、过梁等部位进行标高，再按墙段实量尺寸和砌筑规格尺寸进行排列摆块，不是整块的可锯成所需尺寸，但不得小于砌块长度的1/3。

5）砌块砌筑时一次铺砂浆的长度不超过 800mm，铺浆后应立即放置砌块，要求一次摆正找平，若砂浆已凝固，砌筑砌块后需移动或松动时均应铲除原有砂浆重新砌筑。

6）砌筑时上下错开，搭接长度不应小于砌块长度的 1/3，并应小于 150mm。每一层内的砌体墙应连续砌筑、不留间断，留置间断时应按规定砌成斜槎，斜槎水平投影长度不应小于高度的 2/3。砌块墙的转角处应使纵横墙的砌块相互搭砌，隔皮砌块露端面。

7）距梁板底部 200mm 高的砌体，14d 后再砌筑。砌体需与梁板底紧密接触，顶砌采用辅助灰砂砖砌块斜砌"八字形"挤紧，斜砌角度约 45° ～ 60°，空隙处用砂浆填实。

8）砌体必须每皮拉线砌筑，且墙体两面均挂垂直通线，做到横平竖直、砂浆饱满，砌筑墙体与混凝土相接部位必须填塞密实；砌筑时还应注意与水电安装的配合，已完成施工的预埋线管不得随意移动。

9）设计规定的消防箱、配电箱、管道和预埋管件等，应在砌筑时预留洞口，不得打凿墙体或在墙体上开凿水平沟槽。

10）对于砌筑高度超过 4m 且需设置圈梁的墙，可分两次砌筑：第一次连续砌筑至墙体中部混凝土水平圈梁处，第二次连续砌筑至梁板底部约 200mm 处；对于砌筑高度小于 4m 的墙，可一次性砌筑至梁板底部 200mm 处。

11）砌筑灰缝应横平竖直，水平灰缝厚度宜为 15mm，砂浆饱满度不低于 90%，竖向灰缝宽度宜为 20mm，砂浆饱满度不小于 80%。灰缝应分两次进行勾缝处理，每砌 4 ～ 5 线砖勾缝一次，在砂浆初凝前再勾缝一次，勾缝完成后，保证灰缝竖直、平滑，厚度均匀。

4.4.9　装饰装修施工方案

1. 抹灰工程施工专项方案

1）施工概况：

本工程抹灰施工重难点在于在过程中控制抹灰质量、抹灰厚度及在施工完成后的成品保护，为此在施工过程中应按照规范和图纸要求严格控制质量和厚度。

2）施工流程：

施工流程如图 4-14 所示。

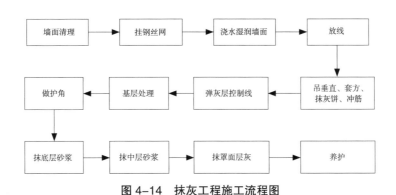

图 4-14　抹灰工程施工流程图

3）施工工艺及方法：

抹灰施工工艺及方法如表 4-7 所示。

抹灰施工工艺及方法说明表　　　　　　　　　　　　　　　　表 4-7

施工工艺	施工方法
基层清理	对混凝土墙体及加气混凝土砌块墙体应对其表面进行"毛化"处理，将面层清扫干净，界面剂一道甩毛
吊垂直做灰饼冲筋	先用托线板检查墙面平整垂直程度，大致决定抹灰厚度（最薄处不小于 7mm），再在门窗口角、柱、墙面的上角各做一个标准灰饼，大小 5cm 见方，然后根据这两个灰饼用托线板或线锤挂垂直做墙面下角两个标准灰饼，厚度以垂直为准，再用钉子钉在左右灰饼附近墙缝里，拴上小线挂好通线，并根据小线位置每隔 1.2 ～ 1.5m 上下做若干标准灰饼，待灰饼稍干后，在上下灰饼之间抹上宽约 10cm 的砂浆冲筋，用木杠刮平，厚度与灰饼相平，待稍干后可进行底层抹灰

续表

施工工艺	施工方法
做护角	室内墙面、柱面和门洞口的阳角，用 1：2 水泥砂浆作护角，高度为 2.1m，每侧宽度 50mm；根据灰饼厚度抹灰，然后粘好八字靠尺，并找方吊直，用 1：2 水泥砂浆分层抹平，待砂浆稍干后，再用捋角器和水泥浆捋出小圆角。需对结构混凝土柱、混凝土墙与砌筑墙体接槎处镶嵌，以防止接槎处抹灰开裂
抹底层砂浆	不同材料基体交接处，需铺设抗裂网或玻纤网，与各基体间的搭接宽度不应小于 150mm。在墙体湿润的情况下进行底层砂浆施工，对混凝土墙面先刷水泥浆一道，随刷随抹底层砂浆
抹面层砂浆	底层砂浆抹好后，第二天即可抹面层砂浆。先用水湿润，并刷素水泥浆一道，使其与底层砂浆粘牢，紧接着面层砂浆施工，用大杠横竖刮平，木抹子搓毛、铁抹子溜光、压实。待其表面无明水时，用软毛刷蘸水垂直于地面的同一方向，轻刷一遍，以保证面层的颜色一致，避免和减少收缩裂缝
抹踢脚	墙面基层处理干净，在浇水润湿的情况下，表面用木抹子搓毛，待底灰七、八成干时，开始抹面层，面抹好后铁抹子压光；踢脚面或墙裙面应高于抹灰墙面 5 ~ 7mm，并要求出墙厚度一致，表面平整、上口平直、光滑

2. 楼地面工程专项方案

本工程楼地面做法要求如表 4-8 所示。

楼地面做法设计要求表   表 4-8

地面	卫生间、清洁间	地砖（地面有防水）	规格：300mm × 300mm 防滑砖
	计量小间、水井	水泥砂浆地面，有防水	防水层：聚乙烯丙纶复合防水卷材
	电气间（± 0.000 处排烟机房）	水泥砂浆地面	—
	标高 -2.900 处变配电室、电井标高 -2.900 处值班室、排烟机房	水泥砂浆地面	—
	侧厅	磨光花岗石地面	—
	报告厅池座、主台、侧台	—	二次装修定（完成面标高应与建筑施工图标高一致） 地面做法为（自上而下）： 1. 20 厚 1：2.5 水泥砂浆找平压实抛光； 2. 60 厚 C15 混凝土底层随打随抹平，内置 Φ6@400 × 400 双向筋； 3. 300 厚 3：7 灰土垫层分两层夯实； 4. 素土夯实
	± 0.000 活动室北侧通道	地砖地面	地砖颜色及规格二次装修定
	其余	地砖地面	地砖颜色及规格二次装修定
楼面	卫生间、清洁间	地砖楼面（有防水）	规格：300mm × 300mm 防滑砖，颜色二次装修方案定；防水层：聚乙烯丙纶复合防水卷材
	水井	水泥砂浆楼面（有防水）	方案定；防水层：聚乙烯丙纶复合防水卷材
	电井、排烟机房、工具间	水泥砂浆楼面（无垫层）	—

续表

	标高 4.100，4.900 处门厅 标高 11.000 处通廊、休息区 标高 8.600 处侧厅	磨光花岗岩楼面（无垫层）	花岗岩颜色及规格二次装修定
楼面	报告厅楼座、排练厅	—	由相关专业厂家进行二次设计（完成面标高应与建筑施工图标高一致）

1）水泥砂浆地面

（1）工艺流程：

基层处理→找标高、弹线→洒水湿润→抹灰饼和标筋→搅拌砂浆→刷水泥浆结合层→铺水泥砂浆面层→木抹子搓平→铁抹子压第一遍→养护。

①基层处理：先将基层上的灰尘扫掉，用钢丝刷和錾子刷净、剔掉灰浆皮和灰渣层，用 10% 的火碱水溶液刷掉基层上的油污，并用清水及时将碱液冲净。

②找标高弹线：根据墙上的 +50cm 水平线，往下量测出面层标高，并弹在墙上。

③洒水湿润：用喷壶将地面基层均匀洒水一遍。

④抹灰饼和标筋（或称冲筋）：根据房间内四周墙上弹的面层标高水平线，确定面层抹灰厚度（不应小于 20mm），然后拉水平线开始抹灰饼（5cm×5cm），横竖间距为 1.5 ~ 2.00，灰饼上平面即为地面面层标高。如果房间较大，为保证整体面层平整度，还需抹标筋（或称冲筋），将水泥砂浆铺在灰饼之间，宽度与灰饼宽相同，用木抹子拍抹成与灰饼上表面相平一致。铺抹灰饼和标筋的砂浆材料配合比均与抹地面的砂浆相同。

⑤搅拌砂浆：水泥砂浆的体积比宜为 1:2（水泥:砂），其稠度不应大于 35mm，强度等级不应小于 M15。为了控制加水量，应使用搅拌机搅拌均匀，颜色一致。

⑥刷水泥浆结合层：在铺设水泥砂浆之前；应涂刷水泥浆一层，其水灰比为 0.4 ~ 0.5（涂刷之前要将抹灰饼的余灰清扫干净，再洒水湿润），不要涂刷面过大，随刷随铺面层砂浆。

⑦铺水泥砂浆面层。涂刷水泥浆之后紧跟着铺水泥砂浆，在灰饼之间（或标筋之间）将砂浆铺均匀，然后用木刮杠按灰饼（或标筋）高度刮平。铺砂浆时如果灰饼（或标筋）已硬化，木刮杠刮平后，同时将利用过的灰饼（或标筋）敲掉，并用砂浆填平。

⑧木抹子搓平：木刮杠刮平后，立即用木抹子搓平，从内向外退着操作，并随时用 2m 靠尺检查平整度。

⑨铁抹子压第一遍。木抹子抹平后，立即用铁抹子压第一遍，直到出浆为止，如果砂浆过稀表面有泌水现象时，可均匀撒一遍干水泥和砂（1:1）的拌和料（砂子要过 3mm 筛），再用木抹子用力抹压，使干拌料与砂浆紧密结合为一体，吸水后用铁抹

子压平。如有分要求的地面，在面层上弹分格线，用劈缝溜子开缝，再用溜子将分缝内压至平、直、光。上述操作均在水泥砂浆初凝之前完成。

⑩第二遍压光。面层砂浆初凝后，人踩上去，有脚印但不下陷时，用铁抹子压第二遍，边抹压边把坑凹处填平，要求不漏压，表面压平、压光。有分格的地面压过后，应用溜子溜压，做到缝边光直、缝隙清晰、缝内光滑顺直。

⑪第三遍压光：在水泥砂浆终凝前进行第三通压光（人踩上去稍有脚印），铁抹子抹上去不再有抹纹时，用铁抹子把第二遍抹压时留下的全部抹纹压平、压实、压光（必须在终凝前完成）。

（2）养护：

地面压光完工后 24h，铺锯末或其他材料覆盖洒水养护，保持湿润，养护时间不少于 7d，当抗压强度达 5MPa 才能上人。冬期施工时，室内温度不得低于 +5℃。

2）铺地砖楼地面

（1）工艺流程（见图 4-15）：

图 4-15　铺地砖工艺流程图

（2）操作工艺：

①基层清理，基层表面的浮土、砂浆块等杂物清理干净，楼板上的油污应用5% ~ 10%浓度的火碱溶液清洗干净。

②刷素水泥浆，浇筑细石混凝土前应先在湿润的基层上刷一道（内掺水重 5%的建筑胶）的素水泥浆一道，并随刷随浇筑细石混凝土，如基层表面光滑还应先将表面凿毛。

③浇筑细石混凝土：将细石混凝土铺抹到地面基层上（水泥浆结合层要随刷随铺），紧接着用 2m 长刮杠顺着标筋刮平，然后用滚筒（常用的为直径 20cm、长度 60cm 的混凝土或铁制滚筒，厚度较厚时应用平板振动器）往返、纵横滚压，如有凹处用同配合比混凝土填平，直到面层出现反浆现象，再用 2m 长刮杠刮平（操作时均要从房间内往外退着走）。

④做 20mm 厚干硬性预拌水泥砂浆，并抹平压光。

⑤铺砖地砖：

弹铺砖控制线、预铺：当水泥砂浆强度达到 1.2MPa 时，开始上人弹铺砖控制线。确定板块铺砌的缝隙宽度，紧密铺贴缝隙宽度不宜大于 3mm，虚缝铺贴缝隙宽度宜为

5 ～ 10mm；从房间的中部（纵横）两个放线排尺寸，当尺寸不足整砖倍数时，将非整砖用于边角处，横向平行于门口的第一排应为整砖，将非整砖排在靠墙位置，纵向（垂直门口）应在房间内分中，非整砖对称排放在两墙边，根据已确定的砖数和缝宽，在地面上弹纵、横控制线。

铺砖：铺贴前，应先将面砖浸水 2 ～ 3h，再取出阴干后方可使用。铺砖时宜从门口处开始，纵向先铺 2 ～ 3 行砖，以此为标准拉纵横水平标高线，铺砖过程中为严格控制砖缝，应用尼龙绳挂线。铺砖时应从里向外退着操作，人不得踏在刚铺好的砖面上。铺砖时，面砖的背面要清扫干净，先刷一层水泥浆随刷随铺，就位后用橡皮锤或小木槌敲实。如施工时要进行切割，需用砖切割机进行切割。注意贴砖前应根据现场实际情况排版审批后方可施工。

勾缝、修整：铺完 2 ～ 3 行厚，需随时拉线检查缝格的平直度，若超出规定需立即修整，将缝拔直，并用橡皮锤或小木槌拍实。面砖铺贴需在 24h 内进行勾缝工作，需采用同品质、同标号、同颜色的水泥进行，用 1 : 1（水泥：砂）稀水泥砂浆填缝，缝内深度宜为砖厚的 1/3，要求缝内砂浆密实、平整、光滑。随勾缝随将剩余水泥砂浆清走、擦净。

养护：铺完砖 24h 后洒水养护，养护时间不应少于 7d。

3）铺地砖防水楼地面

（1）工艺流程（见图 4-16）：

图 4-16　铺地砖防水楼地面工艺流程图

（2）操作工艺：

①基层处理：基层表面的浮土、砂浆块等杂物清理干净，楼板上的油污应用 5% ～ 10% 浓度的火碱溶液清洗干净（地下室 C15 垫层根据地下室地面标高确定）。

②刷素水泥浆，浇筑细石混凝土前应先在湿润的基层上刷一道（内掺水重 5% 的建筑胶）的素水泥浆一道，并随刷随浇筑细石混凝土，如基层表面光滑还应先将表面凿毛。

③浇筑细石混凝土：将细石混凝土铺抹到地面基层上（水泥浆结合层要随刷随铺），紧接着用 2m 长刮杠顺着标筋刮平，然后用滚筒（常用的为直径 20cm、长度 60cm 的混凝土或铁制滚筒，厚度较厚时应用平板振动器）往返、纵横滚压，如有凹处用同配合比混凝土填平，直到面层出现反浆现象，再用 2m 长刮杠刮平（操作时均要从房间内往外退着走）。

④刷基层处理剂一遍。

⑤做 1.5mm 厚聚合物防水涂料，涂膜四周沿墙上翻 500mm，涂刷完最后一道涂层后，均匀撒细沙。

⑥做 20mm 厚 1∶4 干硬性水泥砂浆结合层一道，面上撒素水泥。

4）楼地面施工注意事项

（1）楼地面构造做法中大面积细石混凝土面层应设分仓缝，并应分仓跳格浇筑，每仓≤ 6×6m，分仓缝应与混凝土垫层的缩缝对齐，混凝土垫层应设纵向缩缝及横向缩缝，纵向缩缝采用平头缝，间距 6m，横向缩缝采用假缝，间距 6 ~ 12m，假缝宽 5 ~ 20mm，高度为垫层的 1/3，缝内填 M15 预拌水泥砂浆。

（2）素水泥浆结合层中应掺水重 5% 的 801 建筑胶。

（3）装修面层完成后应保证主要功能房间楼板的撞击声隔声单值评价量≤ 75dB。

（4）选用标准图集的楼、地面做法，施工时还应遵从相应图集所规定的要求。

（5）遇有特殊降板楼板需垫高面层时，如结构转换处，特殊降板处，垫层小于 50mm 时，用 M15 预拌水泥砂浆找平层，大于 50mm 时，用 LC 轻骨料混凝土填充层，面层做 20mm 厚 M15 预拌水泥砂浆找平层。

4.4.10　塔式起重机及施工电梯安拆方案

本工程塔式起重机的选择主要考虑主体结构施工中对钢筋模板等材料垂直运输要求以及吊次要求进行考虑的，共设置 2 台 QTZ80 塔式起重机，臂长 60m。为了方便施工人员和材料设备转运，本工程拟采用 1 台施工电梯 SC200/200。

为了保证垂直运输设备的正常安拆，特编制此专项施工方案，具体内容如下。

1. 塔式起重机安装与拆除方案

1）塔式起重机平面布置图

塔式起重机平面布置详见章节各阶段总平面布置图。

2）塔式起重机安装

（1）整体安装思路。

根据基础阶段施工部署，两台 60m 工况的 QTZ60 型塔式起重机应于基础钢筋施工前安置完成，由于塔式起重机临近基坑，需要在基坑开挖前进行塔式起重机基础施工，拟采用一台 STC750 型汽车起重机进行安装，拟采用汽车吊性能如表 4-9 所示。

STC750 型汽车起重机参数表　　　　　　　　　　　　表 4-9

工作半径（m）	4			20		
起重高度（m）	12.2	16.5	20.7	25.2	29.5	31.8
起重重量（t）	6.7	5.6	4.3	5	4.5	5.05

（2）塔式起重机安装流程：

①将已安装好液压系统的顶升专用节安装到预埋件上，每个支柱用螺栓连接并初步紧固。

②安装标准节，为保证标准节螺栓顺利对正穿入，应采用4根等长钢丝绳吊装。

③安装塔机下回转支撑及上回转。

④吊装平衡臂。吊装平衡臂时必须将吊索吊在平衡臂的吊点上，以控制重心；平衡臂同上回转间采用销轴连接，必须将销轴打到位，并穿开口销，开口销开度达到30°以上。

⑤吊装起升卷扬及发动机、配重及塔顶撑杆。

⑥吊装起重臂。

3）塔式起重机拆除

（1）整体拆除方案。

通过塔式起重机与主体之间的关系分析，本工程塔式起重机拆除总体安排如下：主体砌筑结构施工完毕后，拆除西北角塔式起重机，地面装饰完成后拆除西南角塔式起重机；塔式起重机拆除过程跟塔式起重机安装过程正好相反。

（2）塔式起重机拆除流程（图4-17）。

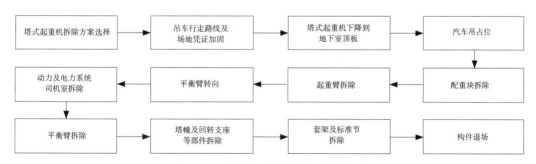

图4-17 塔式起重机拆除工作流程图

2. 施工电梯安装与拆除方案

本工程施工电梯基础随结构施工时插入，在主体结构2层夹层完成后安装。

1）施工电梯平面布置图

施工电梯平面布置详见总平面布置图。

2）施工电梯基础设计（图4-18）。

技术要求：

（1）施工电梯基础尺寸为4400mm×3800mm×0.3mm。

（2）施工电梯基础配筋为Φ12@200。

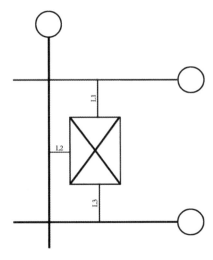

图4-18　电梯基础定位示意图

（3）施工电梯基础周边需排水通畅。

（4）施工电梯下方需用48mm×3.0mm钢管回顶，立杆间距600mm×600mm，步距1200mm，支撑范围为设备基础每边外扩300mm，支撑架外围需加剪刀撑。

3）施工电梯附着

本工程施工电梯拟在结构梁上进行附着，附着高度不超过10m。电梯基础施工完成后随结构施工进行施工电梯附着预留预埋。

4）施工电梯拆除

（1）施工电梯拆卸前的检查。

①检查防坠安全器是否可靠、各个限位开关是否正常工作、刹车系统是否灵敏，如果不能正常工作必须修复，确保施工电梯的安全拆卸。

②检查各机构部件有无疲劳损伤，焊接处有无开裂脱焊现象。

③检查施工电梯的连接紧固螺栓是否齐全紧固，各道附墙的连接是否牢固。

④检查减速箱是否缺油、漏油，油质是否乳化，轨道、轴承等部位是否润滑良好。

⑤检查施工电梯导向轮、制动器的间隙，并调整间隙。

⑥检查吊笼顶部的防护围栏等防护措施是否可靠。

（2）施工电梯拆卸流程。

①将加节按钮盒接线插头插至驾驶室相应的插座上，并将操纵箱上的控制旋钮节位按钮盒置于吊笼顶部。

②在吊笼顶部装上"吊杆"，并接通电源，将吊笼驱动到导架顶部，拆卸三相极限挡板和上限位挡板。

③拆除对重的缓冲弹簧，在对重下垫足够高度的枕木，驱动吊笼上升适当位置，

让对重平稳地停在枕木上，使钢绳放松。

④从对重和偏心轮上卸下钢丝绳，用吊笼顶上的钢丝绳盘卷起所有钢丝绳，拆卸头架。

⑤拆卸导架标准节、附墙架，用塔式起重机吊至地面，同时拆卸电缆导向装置，保留三个标准节，然后拆除笼顶吊杆。

⑥拆卸吊笼下的缓冲弹簧和下部限位挡板、挡块，拉起电机制动器的松闸把手，让吊笼缓慢滑至枕木上停稳。

⑦切断地面电源箱的总电源，拆卸电缆，用塔式起重机将吊笼吊离导轨架，把对重吊离导架。

⑧最后拆卸围栏和保留的三个标准节。

4.5   现场总平面布置

4.5.1   现场总平面布置依据

（1）《施工现场临时建筑物技术规范》JGJ/T 188—2009。

（2）《建筑工程施工现场监管信息系统技术标准》JGJ/T 434—2018。

（3）《施工现场模块化设施技术标准》JGJ/T 435—2018。

（4）《施工现场机械设备检查技术规范》JGJ 160—2016。

（5）《建筑工程施工现场标志设置技术规程》JGJ 348—2014。

（6）《建设工程施工现场供用电安全规范》GB 50194—2014。

（7）《建设工程施工现场环境与卫生标准》JGJ 146—2013。

（8）《建设工程施工现场消防安全技术规范》GB 50720—2011。

（9）对工地进行现场踏勘所获得的相关信息。

（10）对场地周边地区进行调研所获得的相关信息。

（11）施工方案及施工进度计划。

4.5.2   现场总平面布置的原则

（1）施工现场所有设施符合施工条件要求，办公室内在醒目处张贴施工许可证、规划许可证、夜间施工证明书等证件的复印件，并悬挂质量管理、文明施工、安全生产制度和组织机构表、施工现场平面布置图。同时公示市、区安全监督报警电话。

（2）建筑材料、构件、料具按总平面布局分类隔离堆放，并设置名称、种类、规格等标识牌。地材等散装物料要采用专用散装物料运输车运输，砂、石料及残土等现场堆放要整齐并进行覆盖，防止扬尘。禁止钢材、水泥露天堆放。

（3）施工现场设置连续、通畅的排水系统，在道路两侧、外架基础周围、搅拌站设置排水沟，排水沟用砖砌，表面用砂浆抹光。排水沟做到畅通、不积水，施工现场设置集水坑和沉淀池，严禁泥浆污水直接排入城市排水系统。

（4）在运输车辆出入口设置洗车台，配置冲洗设备，并设排水沟，对驶出现场的运输车辆进行冲洗。运入现场的运输车辆和运出现场建筑垃圾（渣土、土方）的车辆使用篷布遮盖严实，不得超高、超载和超速行驶；杜绝车辆抛洒、污染城市道路和污染环境的不良行为。

（5）施工现场临边安全防护、搅拌机、卷扬机棚等设施结构按照美观、整齐，实行定性化规范布置。

（6）施工现场配置标准配电箱，箱底要设置三角铁支架（距地面高度为 1.2 ~ 1.3m），各种用电线路符合现场临时用电线路架设规范规程，并做到不私自乱拉乱接。

（7）施工期间产生的各种残废料，按要求及时清运出场。

（8）制定现场防火消防制度、措施，并配备灭火器材。易燃易爆物品设置禁火标志并设专人管理。

（9）现场设置防尘、防噪音措施和相关设备，做到不在现场焚烧有毒、有害物质和建筑废料、生活垃圾。淤泥排放前，在相关部门办理许可证手续，做到不雇请无准运证车辆运输建筑垃圾。

（10）土石方开挖施工前，先设置好防止水土流失的临时堵水和排水的沟渠，避免污染道路和堵塞下水管道。土方开挖施工若发现有不明物体或发现文物迹象，先应停工，并设临时保护设施，及时报有关部门处理后，方可继续施工。

（11）制定施工现场管理、施工秩序管理、施工安全管理、工地卫生管理、环境保护管理、成品保护管理的实施细则，并上墙。

（12）参加业主组织的文明施工评比活动，定目标抓考核，力争成为文明施工工地。同时层层抓考核，分别组织综合检查，每周检查一次，逐项评分，根据打分情况，进行奖惩。

（13）工程完工后，按要求及时拆除所有工地围墙、安全防护设施和其他临时设施，并将工地及周围环境清理整洁，做到工完、料清、场地净。

4.5.3 现场总平面布置方案

1.总平面布置的方案内容

（1）总平面布置分为三个阶段：基础施工阶段、主体施工阶段、机电安装及装饰装修阶段。

（2）临时办公室在场地内考虑，礼堂西南侧开设一个施工出入口，办公室搭设一

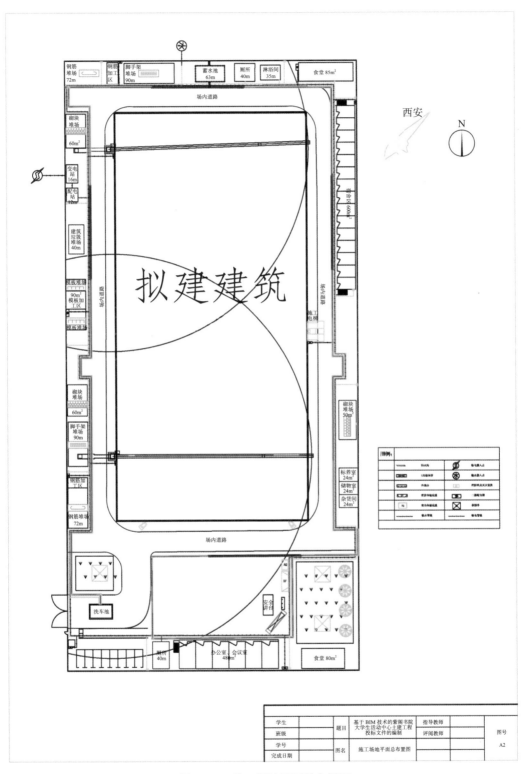

图 4-19　施工场地平面总布置图

幢二层楼的彩钢板房，作为项目部现场办公用房。一层布置施工、技术、质量、材料、预算等技术部门科室，二层布置会议室、项目经理室，以及现场监理和业主办公用房。在场地东侧搭设员工宿舍以及食堂厕所等生活设施，西侧搭建堆场、加工区、配电室等施工用房。

（3）职工生活用房安排在场地东侧，生活区内配备食堂、餐厅、浴室、厕所等配套生活设施，固定厕所，有专人负责清扫。联系环卫所定期清扫化粪池。

（4）在拟建工程旁，塔式起重机回转半径范围内布置钢筋加工棚、模板加工棚、钢筋堆场、模板堆场以及脚手架堆场，将土建、装饰装修堆场分开管理。

（5）材料堆放应挂牌，必要时架空遮盖。

（6）沿道路修一圈明沟并环通，集中排向集水池，集水池流向沉淀池，污水经沉淀后才能排入场区下水道内。

（7）施工现场道路铺设素混凝土，进出生产区的路口上方设置防护架，标识安全通道。

（8）现场沿道路一侧设置排水沟，组织场内排水，现场临水临电管线随排水沟开挖时进行暗铺。

（9）规范现场各项管理工作，严格按照城市双标化工地要求进行施工管理，确保文明安全施工。

具体详见图 4-19 所示。

2. 总平面布置的实施

（1）广联达施工现场三维场布软件操作流程（见图 4-20）。

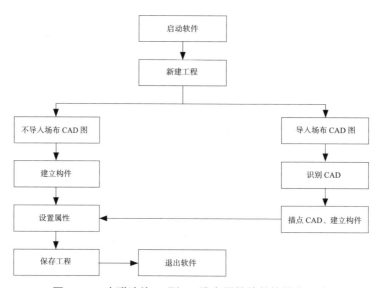

图 4-20　广联达施工现场三维布置软件整体操作思路

（2）案例工程说明

此案例为某高校大学生活动中心主体结构工程，该工程根据 CAD 设计图的总平面为绘制框架，配合环境现状规划施工总区域，根据现场布置规范、施工经验等布置现场构件。该案例场布绘制思路见图 4-21。

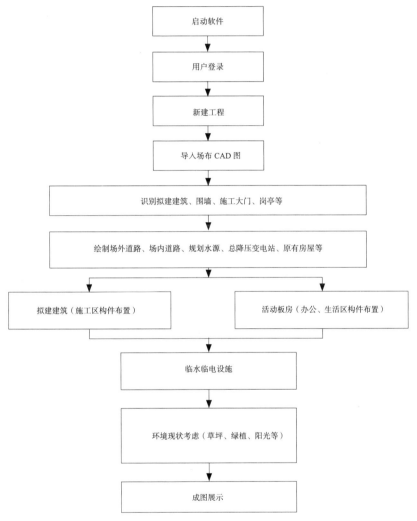

图 4-21　案例工程场布绘制总体思路

4.5.4　各施工阶段现场布置

1. 基础施工阶段平面布置

1）进场后进行三通一平以及临时用房和临时设施的搭设及施工道路、排水沟的施工。

2）钢筋制作加工均现场进行，加工棚布置远离基坑，距基坑边缘最近处 7.5m。

钢筋在现场尽量少存放，采取边加工边进场的办法，尽量减少钢筋堆载对基坑边坡的压力。

3）现场模板采用木模板，满配三层水平模板（2 层 ~ 4 层），一层竖向模板（2 层），不断向上周转使用，场地堆场中放置 500m² 的全新模板作为补充。

4）布置 2 台 60m 臂长的 QTZ80 塔式起重机作为垂直运输机械，安装在场地西北和西南两处，基坑开外前放线定位，进行塔式起重机基础施工。

5）两台塔式起重机下方分别设置钢筋、脚手架堆场，基础施工开始前一天材料进场并完成验收工作，模板堆场设置在两台塔式起重机共同覆盖面下。

6）钢筋加工区和模板加工区分别在钢筋和模板堆场边设置，并且在上方搭设防护棚。

7）行政管理、生活等临时设施的布置：

布置应使用方便，不妨碍施工，符合防火、安全的要求，一般设在工地出入口附近。要努力节约，尽量利用已有设施或正式工程。建筑面积计算按式（4-1）。

$$S = \frac{N}{P} \tag{4-1}$$

式中：S——建筑面积；

N——人数；

P——建筑面积指标。

8）临建面积和堆场面积分别见表 4-10、表 4-11。

临建面积计算表

表 4-10

名称	数量	面积（m²）	名称	数量	面积（m²）
办公室	8 间	40	配电室	1 间	12
会议室	1 间	160	变电站	1 间	16
工人宿舍	32 床位	240	电工值班室	1 间	15
施工人员食堂	1 间	85	厕所	2 间	40
管理人员食堂	1 间	80	停车坪	8 车位	260
淋浴间	1 间	35	生活休闲区	1 间	60
茶烟亭	1 间	20	标养室	1 间	24
储物室	1 间	24	杂货间	1 间	24

堆场面积计算表   表 4-11

	利用系数	总量	储量	堆场尺寸
钢筋堆场	0.7	834.426t	50t	12m×6m 2
模板堆场	0.8	4430.68m³	1000	6m×15m 1
砌块堆场	0.9	3571.6m³	290m³	6m×10m 2 10m×5m 1
钢管脚手架堆场	—	—	—	6m×15m 2
钢筋加工棚	—	—	—	3m×6m 2
木工加工碰	—	—	—	4m×5m 1
建筑垃圾堆场	—	—	—	5m×8m 1
蓄水池	—	—	—	4m×9m 1

9）利用广联达 BIM 场布软件建立如图 4-22 基础平面布置模型图。

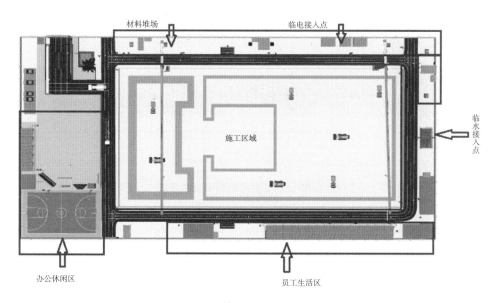

图 4-22　基础阶段平面布置图

2. 主体施工阶段平面布置

1）此阶段以结构施工为主，砌筑部分待主体结构施工验收合格后进行。

2）沿主体周围搭设结构施工用脚手架，空余场地可作设备材料堆场。

3）提前在主体结构中预埋施工电梯预埋件，待 2 层夹层结构施工完成两天后，在场地东侧安装施工电梯，作为垂直运输机械。

4）基础施工阶段搭设的办公室及其他临设继续使用。

5）屋面层砌筑完成后拆除西北角塔式起重机，仅留西南处塔式起重机和东侧施工电梯作为垂直运输工具。

6）两台塔式起重机下方分别设置钢筋、脚手架堆场，基础施工开始前一天材料进场并完成验收工作，模板堆场设置在两台塔式起重机共同覆盖面下。

7）砌筑工程开始前一天完成砌体材料的进场和验收，堆场分别设置在两台塔式起重机的覆盖区域内，以及施工电梯附近，并增设砂浆制备区。

8）主体阶段施工平面布置见图 4-23。

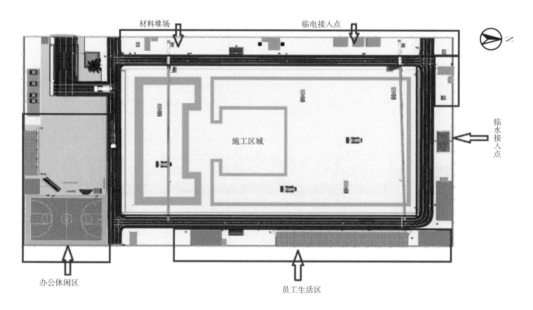

图 4-23 施工主体阶段平面布置图

3. 机电安装及装饰装修阶段平面布置图

1）当进入装饰装修和安装阶段后，一些为主体结构服务的设置、器具将被拆除，让出场地给安装及装饰装修使用。

2）1 台施工电梯继续使用。

3）外脚手架随外墙装饰进度逐步向下拆除。

4）门窗堆放在室内，室外设置砂浆、石灰制备区、砖石堆场。

5）装饰装修阶段施工平面图详见图 4-24。

4. 施工临时用电量计算

1）施工用电总体布置

（1）根据本工程特点,施工用电平面和立面分开布置,在道路铺设前暗埋水电管线。

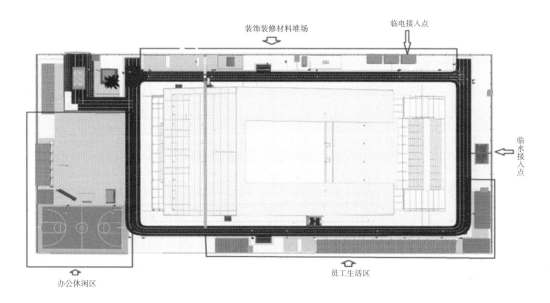

装饰装修材料堆场　　临电接入点

临水接入点

办公休闲区　　　　员工生活区

图 4-24　装饰装修阶段施工平面图

（2）施工临时用电已接通，在业主提供总电源上设总计量表。

临时用电采用 TN—S 系统，在现场临时配电房总箱内引出多路输电电缆，每路分别接到分配电箱，生活照明用电电箱从分配电箱电源侧引出。采用三相五线制，一机一闸一漏保，实行三级供电，每个用电器单独设三级供电箱。

（3）生产供电线分为两路：一路连接大型机械专用电箱，另一路供应各楼层施工用电，每个楼层设电箱二只。

（4）生活供电线路为施工现场照明办公室用电及其他用电。

（5）为方便夜间管理，在生产区域现场四周布置若干照明灯。

（6）楼梯间照明使用 36V 低压电源。

2）用电负荷

本工程土建用电高峰期将出现于上部结构施工期内，施工用电主要是 1 台施工电梯、2 台塔式起重机，以及钢筋、模板加工制作机具等，用电高峰期内用电机具设备详见表 4-12、表 4-13。地平面电缆敷设于电缆沟内，过道路时电缆穿于管内，干线电缆选用截面积为 4×185mm 的铜芯橡皮绝缘电缆，照明线路室内采用塑料护套线，建筑物内及室外采用截面积为 10mm^2 的 BXF 型铜芯橡皮绝缘电缆。用电设备接零保护采用截面积大于 2.5mm^2 的 BXF 铜芯聚氯乙烯绝缘软线。为预防夏季用电高峰政府限电拉闸影响施工，计划配备两台容量为 175kW 的柴油发电机组，以保证一般施工机械的正常运行，从而确保工程如期完成。

拟投入的主要施工机械设备表 表 4-12

序号	机械名称	规格型号	数量	额定功率（kW）	备注	进场条件
1	挖掘机	PC130	4	—	土方开挖	三通一平
2	挖掘机	PC60	4	—	土方开挖	三通一平
3	自卸汽车	10m³	30	—	土方运输	三通一平
4	汽车吊	STC250	2	—	临建搭设以及塔式起重机安拆时租赁	三通一平
5	塔式起重机	QTZ125（60m）	2	55	垂直运输，租赁	三通一平
6	施工电梯	SCD200/200G	1	90	垂直运输，租赁	三通一平
7	汽车泵	SY5418THB52E（6）	2	—	混凝土浇筑，租赁	浇筑混凝土时
8	布料机	HGY 15	2	—	混凝土浇筑，租赁	浇筑混凝土时
9	水泵	WQ30-26	2	2	现场排水	三通一平
10	电焊机	ZX7-200	4	11	焊接	三通一平
11	圆盘锯	MJ105	2	2	切割	三通一平
12	钢筋调直机	中型	2	5.5	钢筋调直	三通一平
13	钢筋套丝机	HGS-40	2	4	钢筋套丝	三通一平
14	钢筋弯曲机	GW40	2	3	钢筋弯曲	三通一平

办公生活设置用电负荷表 表 4-13

序号	机械名称	规格型号	数量	额定功率（kW）	备注	进场条件
1	空调	格力	30	2.2	办公室、宿舍、食堂	
2	电脑	台式机	8	0.5	办公室	
3	饮水机	—	10	2	办公室、宿舍、食堂	
4	室内照明	—	100	0.04	办公室、宿舍、食堂	
5	室外照明	—	5	1.0	—	
6	其他	—	5	1.0	—	

按 $P=1.07（K1 \times \sum P1/\cos\psi + K2\sum P2 + K3\sum P3 + K4\sum P4）$，其中照明按《建筑施工计算手册》规定取动力用电的 10%，K1 取 0.6，K2 取 0.8，K3 取 1.1，K4 取 1.0，P1 为电动机额定功率 =233kW，P2 为电焊机额定功率 =44kW，P3 为室内照明 4kW，P4 为室外照明 5kW。

总用电量（P）=1.07×（0.6×233/0.75+0.8×23.3+1.1×4+1×5）=229.45kVA。

经计算，总用电量为 229.45kVA，现场配备 1 台电容量 300kVA 变压器，满足施工用电要求。

5. 施工临时用水量计算

1）本工程现场临时用水包括给水和排水两套系统。给水系统又包括生产、生活和消防用水。排水系统包括现场排水系统和生活排水系统。

2）本工程临时供水包括三部分：生产用水、生活用水、消防用水。施工用水采用现场提供水源，用 φ50mm 给水管送至生活区、办公区、砂浆搅拌站、混凝土泵站、淋砖区、蓄水池，并设 4 处消防给水口，此为地面给水管网。楼层为满足施工（尤其是混凝土养护）及消防的需要，在每楼座各设一竖直干管，在干管上每层设置给水口，采用大扬程水泵高压送水，此为楼层临时给水管网。

3）施工现场的各类排水必须经过处理，达标后排入城市排水管网。沿临时设施、建筑四周及施工道路设置排水明沟，并做好排水坡度，生活污水和施工污水经过沉淀处理后排入市政管线。排水沟要定期派人清掏，保持畅通，防止雨期高水位时发生雨水倒灌。生产、生活用水经过沉淀，厕所的排污经过三级化粪处理。施工现场出入口设洗车台，外运车辆进行清洗，减少车辆带尘。

供水设计一般包括：水源选择、取水设施、储水设施、用水量计算、配水布置、管径的计算等。管线布置应使线路总长度小，消防管和生产、生活用水管可以合并设置。消防用水一般利用城市或建设单位的永久消防设施，高层建筑施工用水要设置蓄水池和加压泵，以满足高处用水需要。

（1）工程用水量

$$q_1 = K_1 \sum Q_1 N_1 K_2 / (8 \times 3600) = 1.15 \times 150 \times 250 \times 8.8 / (8 \times 3600) = 12.03 \text{L/s} \quad (4-2)$$

式中：K_1——未预计的施工用水系数，取 1.15；

Q_1——每班计划完成工程量，按每班浇筑 150m³ 混凝土；

N_1——施工用水定额，混凝土按预拌混凝土考虑，仅考虑混凝土自然养护，耗水量取 250L；

K_2——施工现场用水不均衡系数，取 8.8。

（2）施工机械用水量

$$q_2 = K_1 \sum Q_2 N_2 K_3 / (8 \times 3600) = 1.10 \times 4 \times 4 \times 300 \times 1.10 / (8 \times 3600) = 0.20 \text{L/s} \quad (4-3)$$

式中：K_1——未预计的施工用水系数，取 1.10；

Q_2——同一种机械台数，取主要用水机械；

N_2——施工机械台班用水定额；

K_3——施工机械用水不均衡系数，取 1.10。

（3）现场生活用水量

$$q_3 = P_1 N_3 K_4 / (t \times 8 \times 3600) = 400 \times 40 \times 1.4 / (1 \times 8 \times 3600) = 0.78 \text{L/s} \quad (4-4)$$

式中：P_1——施工现场昼夜高峰人数，取 400 人；

N3——施工现场生活用水定额，耗水量 40L/ 人；

K4——施工现场生活用水不均衡系数，取 1.4；

t——每天工作台班数，取 1 班。

（4）消防用水量

消防用水量 q4 取 15L/s。

（5）施工现场总用水量及管径选择

施工现场总用水量 Q 计算，因 q1+q2+q3=12.03+0.20+0.78=13.01L/s ＜ q4，故 Q=q4=15L/s。

$$\sqrt{\frac{4q}{V \times 3.14 \times 1000}} = DN \qquad （4-5）$$

式中：DN——配水管直径（m）；

V——管道中水流速度（m/s），取 2.2m/s。

DN=0.093m=93mm，取管径 100mm。

4.6 资源投入计划及保障措施

4.6.1 劳动力投入及保证措施

1. 劳动力需求计划

根据施工进度计划及我司施工经验编排如表 4-14 和图 4-25 所示劳动力投入计划。从劳动力总体情况来看，随着主体结构施工推进及其他专业分包插入施工，劳动力将在 2017 年 7 月份达到高峰，主体结构封顶后，劳动力逐步减少。本工程劳动力投入高峰期人数为 106 人，此时正处于抹灰、精装修等开始插入施工。

劳动力需求计划表　　　　　　　　　　　　　　　　　表 4–14

分部工程	工种	2016					2017								
		8	9	10	11	12	1	2	3	4	5	6	7	8	9
项目动工	木工	10	—	—	—	—	—	—	—	—	—	—	—	—	—
	瓦工	10	—	—	—	—	—	—	—	—	—	—	—	—	—
结构工程	钢筋工	10	10	10	10	15	10	10	6	—	—	—	—	—	—
	木工	20	20	29	29	40	30	30	17	—	—	—	—	—	—

续表

分部工程	工种	2016					2017								
		8	9	10	11	12	1	2	3	4	5	6	7	8	9
结构工程	混凝土工	6	6	10	10	10	10	10	10	—	—	—	—	—	—
砌筑工程	瓦工	—	—	—	—	—	—	—	42	43	26	—	—	—	—
抹灰工程	瓦工	—	—	—	—	—	—	—	—	—	47	50	57	57	37
装饰及安装工程	瓦工	—	—	—	—	—	—	—	—	—	—	10	10	10	10
	木工	—	—	—	—	—	—	—	—	—	—	11	11	11	—
	水暖工	—	—	—	—	—	—	—	—	—	—	10	10	10	—
门窗工程	木工	—	—	—	—	—	—	—	—	—	—	—	—	10	10
其他	电工	1	1	1	1	1	1	1	2	2	2	4	4	4	—
	塔式起重机司机	—	2	2	2	2	2	2	2	2	2	2	2	2	—
	电梯司机	—	—	—	—	1	1	1	1	1	1	1	1	1	1
	焊工	—	2	2	2	2	2	2	2	2	2	2	2	—	—
	钳工	1	1	1	1	1	1	1	1	1	1	1	1	1	1
合计		58	42	55	55	72	57	57	83	51	81	91	109	106	49

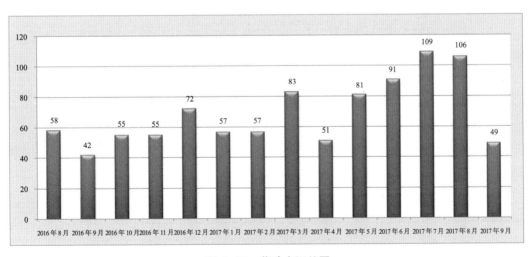

图 4-25 劳动力汇总图

2.劳动力用工安排方案

1）选派具有同类施工经验丰富的施工队伍。

2）根据施工方案实施要求及施工进度计划和劳动力配置计划的要求，提前落实组织劳动力进场的准备工作。

3）做好施工劳动力安排预备计划，以备在必要时能够随时召集调用，作为确保合同工期的一项必要措施。

4）根据班组所承担的施工项目要求及其劳动力技术、质量、施工管理协作能力等，与劳动者签订用工协议、施工安全责任书及其他有关承诺和保证文件，明确其工作项目和范围、工作目标施工要求、奖罚措施等事项，以满足本工程项目整体的要求。

5）将有关施工队、班组由项目经理部及其管理人员按工序、分区域、交叉施工做出详细安排，并将其他专业劳务分包单位一并纳入项目经理部的管理体系，确保工期、质量目标实现。

6）对劳务人员所需的生活后勤条件做出充分的考虑安排，包括通信、饮食、清洁卫生、季节变化适应等方面，以保证他们无后顾之忧，全力投入施工工作，确保施工进度和管理的需要。

7）根据工程进度需要，本工程项目经理部及所属施工人员取消节假日、休息日，在必要时采取双班制施工方法，以确保施工工期。

8）对现场的劳务人员进行严格的资格审查，做到劳务人员持证上岗，做好安全培训、职业道德教育等方面的工作，未经项目经理部质量、安全培训的操作工人不允许上岗。

9）对已进场的队伍实施动态管理，不允许其擅自扩充和随意抽调，以确保施工队伍的素质和人员相对稳定。

10）加强对施工班组的管理，凡进场的施工班组必须配备一定数量的专职质量、安全的管理人员。

3. 劳动力资源保证措施

根据施工阶段的不同，参施劳动力所需工种专业各不相同，在不同施工阶段开工之前都要对劳动力的工种、人数进行相应调整，以满足施工要求，保证施工进度。

保障各种机械操作员和中高级技术工人队伍的稳定，合作的劳务队伍均来自于常年与之合作的、具有丰富施工经验的劳务公司。

在施工期间严格按《质量管理体系要求》GB/T 19001—2016、《工程建设施工企业质量管理规范》GB/T 50430—2007 等质量管理体系要求，对所有人员进行标识，挂牌持证上岗。

项目部根据施工任务和区域、工期划分，按工种安排专业施工队伍，分别负责本工程不同单项工程的施工。所有专业队伍人员由项目经理部安排专车分批直接运送到施工现场。

4. 提升劳动效率的措施

1）开展科学研究，促进技术进步。全面开展科学研究工作，促进施工技术的发展。

2）提高管理水平，科学的组织生产。

3）改善劳动组织，建立相应的劳动组织，形成有利于个人技术发挥，以及工种之间的分配和协调的机制，建立岗位责任制，促进劳动生产率的提高。

4）提高职工的科学技术水平和技术熟练程度。加强职工的文化、技术教育，使职工都能掌握一定的现代化管理知识和有关的新工艺、新技术、新方法。

4.6.2　周转材料需用计划

1. 材料需求计划

工程材料：根据施工预算进行分析，按照施工进度计划要求，按材料名称、规格数量、使用时间、供应方式和采购地点，编制出材料需用计划和采购供应计划。

构配件、制品的加工：根据施工预算和施工翻样，按构件名称、规格数量、质量要求，编制需用计划，确定加工方案、供应渠道和运输方式，及时委托加工。材料投入量计算依据如表 4-15、表 4-16 所示。

材料投入量计算表　　　　　　　　　　　　　　　　　　　　表 4-15

使用部位	材料类别	计算依据	周转方案
主体混凝土浇筑	水平结构：组合式木模板	面板：18mm 厚双面覆膜胶合板 主龙骨：5×20 工字木梁 @250 次龙骨：双槽钢 @1000 抛撑间距 2m	满配三层水平模板，一层竖向模板，向上周转使用，场地中存放 500m² 新模板作为补充
	竖向结构：组合式木模板	面板：18mm 厚双面覆膜胶合板 主龙骨：5×20 工字木梁 @250 次龙骨：双槽钢 @1000 抛撑间距 2m	
主体外立面防护	普通钢管	钢管质量 = 外脚手架面积 ×22×3.84	采用落地式脚手架，在 3 层、4 层、5 层处分别设置卸料平台
	扣件	扣件个数 = 钢管质量（t）×150	
	脚手板	脚手板面积 = 外脚手架立杆横距 × 外架周长	
	挡脚板	挡脚板面积 =0.15 × 外脚手架周长	
	安全网	安全网面积 = 外脚手架面积	
	工字钢梁	工字钢梁 = 楼板周长 ×3	
	钢丝绳及卡扣	钢丝绳 = 卸料平台数 ×3×3m 卡扣 = 钢丝绳数量 ×6	
	圆钢	预埋件，数量等于工字钢数量 ×2	

特殊方案材料表（高支模）计划表　　　　表 4-16

序号	材料	规格	单位	数量
1	木胶板	2440mm×1220mm×15mm	张	200
2	木胶板	2440mm×1220mm×18mm	张	300
3	木方	100mm×50mm×3000mm	根	300
4	木方	100mm×100mm×3000mm	根	500
5	钢管	Φ48.3×3.5，长度 4m	根	500
6	钢管	Φ48.3×3.5，长度 5m	根	500
7	钢管	Φ48.3×3.5，长度 6m	根	800
8	钢管	Φ48.3×3.5，长度 3m	根	800
9	碗扣式立杆	长度 0.9m	根	1000
10	碗扣式立杆	长度 1.8m	根	1100
11	碗扣式横杆	长度 0.6m	根	1100
12	碗扣式横杆	长度 0.9m	根	1100
13	扣件	十字扣件	个	1000
14	扣件	旋转扣件	个	1000
15	扣件	对接扣件	个	1000
16	可调托座	KTC-599	个	2000
17	对拉螺栓	Φ14，长 600mm	套	500
18	对拉螺栓	Φ14，长 1000mm	套	500
19	垫板	200×50mm	m	1500

2. 材料供应保障计划

1）合格供方评价及材料采供

（1）合格供方条件：

①能提供所供材料质量合格的证明资料；

②能提供符合采购要求的材料，并能保证材料质量的持续稳定；

③具有良好的市场信誉，价格合理，售后服务好；

④保证连续施工和满足进度要求。

（2）对供货方调查：

①材料设备组必须组织生产安全股、技术质量部及有关部门的有关人员对主要材料的提供方进行调查。其主要内容应包括：供应能力、质保能力、执行标准能力、市场信誉和企业业绩；

②调查供方可由多方推荐，材料设备组的负责人员担任调查小组长；

③调查活动可采取直接向供方索取资料，或深入供料区域调查和向供方老客户了

解相结合的方法；

④对持有国家、部、省、市颁发的免检证书的供方，对由当地政府主管部门法规规定及核准的合格供方，对已获得 ISO9001 标准证书的供方，可减少一些调查内容。对信誉程度不太高、规模较小的供方应从严调查；

⑤被调查供方在接受调查时应提供下列证据性资料：材料生产许可证、材料合格证、检验试验记录、产品准用证。供方为销售商时还须提供营业执照和供应能力、质保能力、市场业绩方面的相关资料；

⑥调查小组长负责将调查所得到的资料内容按要求填写在"供方调查报告表"中相应的栏目内，并做出调查结论，签上名字，并注明日期。

（3）材料采供工作程序：

①根据施工预算和施工翻样，编制需用计划；

②办理材料选型和认质认价，编制采供计划；

③确定采供方案和划分范围，加工订货、签订供应合同；

④确定运输方式和装箱发运抵达地点及时间；

⑤组织进场，贮存保管和使用。

2）对于装饰装修材料，施工单位必须与建设单位、监理单位明确工程材料和设备选型、采购及验证验收程序并办理相关验证手续。对工程材料的规格型号、质量等级等相关要求明确无误，明确划分采购范围，掌握生产地点、来源和供货渠道，及时组织进场使用。

3）对于采购的工程材料，要根据施工进度分批供应，同时分考虑到采购运输等环节的时间需要，做好分期分批和提前供应。务必按照施工进度要求和需用计划和采供计划及时联系生产加工厂家，签订采购合同，保障供应。

4）工程材料在施工中的管理

（1）施工前的准备工作：

准备工作是现场材料管理的开始，为材料管理创造良好的环境和提供必要的条件。其主要内容如下：

①了解工程进度要求，掌握各类材料的需用量和质量要求；

②了解材料的供应方式；

③确定材料管理目标，与供应部门签订供应合同；

④作好现场材料平面布置规划；

⑤作好场地、仓库、道路等设施及有关任务的准备。

（2）施工中的组织管理工作：

组织管理是现场材料管理和管理目标的实施阶段，其主要内容如下：

①合理安排材料进场，作好现场材料验收；

②履行供应合同，保证施工需要；

③掌握施工进度变化，及时调整材料配套供应计划；

④加强现场物资保管，减少损失和浪费，防止丢失。

⑤组织料具的合理使用。

（3）施工收尾阶段：

施工即将结束时，现场管理工作的主要内容有：

①根据收尾工程，清理料具；

②组织多余料具退库；

③及时拆除临时设备；

④做好废旧物资的回收和利用；

⑤进行材料结算，总结施工项目材料消耗水平及管理效果。

4.6.3　机械设备投入计划

1. 拟投入本工程主要施工器械

本工程土建用电高峰期将出现于主体结构施工期内，施工用电主要是 1 台施工电梯 2 台塔式起重机，以及钢筋、模板加工制作机具等，用电高峰期内用电机具设备详见表 4-12、表 4-13。

2. 机械调度计划保证措施

1）专设机械供应组

施工现场所需的机械，根据施工组织设计审定的机械需用计划，机械供应组向机械经营管理单位签订租赁合同后按时组织进场。

2）机械施工组织准备

机械施工组织准备以施工进度计划为依据，有利于施工指挥、调度和协作。

（1）编制作业班组。

机械作业班组一般按机械类型或作业地点编制。由于施工机械种类繁多，工作性质和内容各不相同，因此，应根据施工任务和现场具体情况确定。总的要求是：规定各班组的机械和人员组成、作业内容和职责要求等。

（2）确定作业班组。

机械作业班组应根据施工进度计划确定，并在实施中根据施工进度情况随时调整，以保证按时完成施工任务。机械作业班组可分为单班制、双班制和三班制。本工程计划采用双班制，以达到最佳效率配置。

（3）配备维修力量。

根据机械数量及作业班次配备相应的维修力量。机械数量较多的施工现场应设置维修所,维修人员一般为操作人员的 1/4 ~ 1/3,工种应根据需要配备,维修机具也应尽量配套。

4.7 质量控制及保证措施

4.7.1 质量管理目标

符合国家现行规范、标准,工程达到合格要求。

4.7.2 主体工程质量要求

主体工程质量要求应符合《混凝土结构工程施工质量验收规范》GB 50204—2015 中"混凝土分项工程"和"现浇结构分项工程"的规定。混凝土材料配备、施工质量控制以及外观质量要求如表 4-17 ~ 表 4-19 所示。

混凝土原材料及配合比设计   表 4-17

项目	序号	内容	允许偏差或允许值(mm)
主控项目	1	水泥品种、级别、强度、安定性	第 7.2.1 条
	2	外加剂质量及应用	第 7.2.2 条
	3	氯化物、碱含量控制	第 7.2.3 条
	4	配合比设计	第 7.3.1 条
一般项目	1	矿物质量及掺和量	第 7.2.4 条
	2	粗、细骨料质量	第 7.2.5 条
	3	用水质量	第 7.2.6 条
	4	开盘鉴定	第 7.3.2 条
	5	依砂、石含水率调整配合比	第 7.3.3 条

混凝土施工质量控制   表 4-18

项目	序号	内容	允许偏差或允许值(mm)
主控项目	1	强度等级及试件取样和留置	第 7.4.1 条
	2	抗渗混凝土及试件取样和留置	第 7.4.2 条
	3	原材料称重允许偏差	第 7.4.3 条
	4	运输、浇捣、间隙及初凝时间规定	第 7.4.1 条
一般项目	1	施工缝位置和处理	第 7.4.5 条
	2	后浇带位置和浇筑	第 7.4.6 条
	3	养护	第 7.4.7 条

现浇混凝土外观质量及尺寸偏差 表 4-19

	项目	序号	内容		允许偏差或允许值（mm）
外观质量	主控项目	1	严重缺陷		第 8.2.1 条
	一般项目	1	一般缺陷		第 8.2.2 条
尺寸偏差	主控项目	1	结构性能、使用功能		第 7.4.3 条
	一般项目	1	轴线位置	基础	15mm
		2		独立基础	10mm
		3		墙、柱、梁	8mm
		4		剪力墙	5mm
		5	层高	≤ 5m	8mm
		6		>5m	10mm
		7	全高（H）		H/1000 且 30mm
		8	标高	层高	± 10mm
		9		全高	± 30mm
		10	截面尺寸		+8mm，-5mm
		11	电梯井	井筒长、宽对定位中心线	+25mm，0
		12		井筒全高（H）垂直度	H/1000 且 30mm
		13	表面平整度		8mm
		14	预埋设施中心线位置	预埋件	10mm
		15		预埋	5mm
		16		预埋管	5mm
		17	预埋洞中心线位置		15mm

4.7.3 质量管理措施

1. 事前质量控制要点及措施

事前质量控制要点及措施见表 4-20。

事前质量控制要点及措施 表 4-20

控制要点	措施
技术准备	组织相关人员编制总承包项目《施工组织设计》、《创优策划》、《质量计划》，制定现场的各种管理制度，完善计量及质量检测技术和手段，编制原材料、半成品、构配件检验计划
	与各分包单位签订创优责任书，明确质量目标及奖罚责任
现场准备及劳动力保障	自营施工部分的劳动力需求由我司人力资源部从合格劳务供方中择优选取，对于本工程，我司将选择施工经验丰富、操作水平高的劳务队伍。同劳务分包承包人依法签订分包合同，合同中明确质量目标、质量责任
物资、机具保障	材料在采购前需先进行考察，选择信誉好、质量高、货源充足的厂家。材料采购将严格按照管理程序进行，严把材料、设备的出厂质量和进场质量关，做好分供方的选择、物资检验、物资的标识、发放和投用、不合格品的处理等环节的控制工作，确保投用到工程的所有物资均符合规定要求

2. 事中质量控制要点及措施

事中质量控制要点及措施见表 4-21。

事中质量控制要点及措施　　　　　　　　　　　表 4-21

控制要点	措施
工序质量保证措施	工序交接有检查；质量预控有对策；施工项目有方案；技术措施有交底；图纸会审有记录；配制材料有试验；隐蔽工程有验收；设计变更有手续；质量处理有复查；成品保护有措施；行使质控有否决；质量文件有档案（凡是与质量有关的技术文件，如图纸会审记录，材料合格证明、试验报告，施工记录，隐蔽工程记录，设计变更记录，调试、试压运行记录，竣工图等都编日建档）
过程监控	实施定期、不定期质量检查制度，质量工程师对工程现场进行随时随地的不定期质量巡视检查，每周、月、季度组织定期质量大检查，发现问题及时处理，将质量问题消灭在萌芽状态，必要时发出整改通知单限期整改，并负责监督实施和复查

3. 事后质量控制要点及措施

事后质量控制要点及措施见表 4-22。

事后质量控制要点及措施　　　　　　　　　　　表 4-22

控制要点	措施
成品保护	每道工序监理工程师验收合格后，立即采取成品保护措施，现场专业工程师随时随地巡视检查，若发现有保护措施损坏的，及时恢复
初步验收	对工程组织自检，再组织各参建单位进行初步验收
竣工验收	按规定的质量评定标准和办法，对完成的分项、分部工程、单位工程进行质量评定，达到竣工验收条件并进行竣工验收

4. 工程保修

工程保修详见表 4-23。

工程保修　　　　　　　　　　　表 4-23

序号	质量保修内容	保修期限
1	地基基础工程、主体结构工程	设计文件规定的合理使用年限
2	装饰装修工程	2 年
3	其他项目	按照国家相关文件规定

4.7.4　成品保护管理措施

1. 建立成品保护工作的组织机构

1）由项目副经理牵头组织并对成品保护工作负全面责任。

2）项目经理部各专业施工员负责实施。

3）各专业施工队长负责自身施工范围内的作业面上的成品保护。

2. 建立成品保护的责任

由项目副经理组织划分成品保护责任区，并落实到岗，落实到人。

3. 确定成品保护的重点内容和成品保护的实施计划

由项目副经理和项目总工会同各专业施工员根据不同的施工阶段，确定成品保护的内容和成品保护的实施计划。

4. 分阶段制定成品保护措施方案和实施细则

各专业施工员根据本专业的特点，制定各成品的保护方案和实施细则，并经项目总工审核批准实施。

5. 建立健全成品保护的各项管理制度

由项目经理牵头，组织制定成品保护的检查制度、交叉施工管理制度、交接制度、考核制度、奖罚责任制度。

4.8 冬期雨期施工保证措施

西安市属于暖温带半湿润的季风气候区，四季分明，雨量适中，年平均降水量是 558 ~ 750mm。有 78% 的雨量集中在 5 ~ 10 月，其中 7 ~ 9 月的雨量即占全年雨量的 47%，且时有暴雨出现。年平均相对湿度 70% 左右。西安市年最高气温在 40℃ 左右，年最低温度在 -8℃ 左右。无霜期平均为 219 ~ 233 天。1 月份最冷，平均气温 -0.5 ~ 1.3℃，平均最低温度 -3.8℃；7 月份最热，平均气温 26.3 ~ 27℃，平均最高气温 32.2℃；年平均气温 13.6℃。按照《建筑工程冬期施工规程》JGJ/T 104—2011 规定，凡室外日平均气温连续五天稳定低于 5℃ 时，即进入冬期施工。根据西安市历年气温记录，每年 11 月 15 日至次年 3 月 15 日期间为冬期施工期，历时 120 天。

4.8.1 冬期施工保证措施

1. 冬期施工准备

1）组织措施

（1）做好各种设施、管道的保温、维护工作，确保冬期施工正常进行。

（2）冬期施工培训：为了使生产从常温顺利地进入冬期施工，在冬期施工到来时，提前做好冬期施工的培训工作。通过培训使全体施工管理人员了解本年的冬施任务、特点,应该注意和掌握的问题。培训的内容应包括以下几个方面:学习有关冬施的规范、规定，有关理论和技术，以及关于冬期施工的规定和采取的措施。在培训中，要使全体施工管理人员明确施工的特殊性，强化现场工长的施工管理意识，在组织施工的过程中科学的统筹安排劳动力，使冬期施工的全过程工作全面、顺利进行。

（3）进入冬期施工前，技术组、工程组、质量组、安全组全体人员等召开专题会，就冬期施工中的技术措施、质量保证、安全预案、材料供应等进行协调，落实相关技术、质量、安全措施在冬期施工中的运用，材料提前购入，保障冬期施工的正常进行。

（4）任命兼职气象联络员，负责采集气象信息，及时接受天气预报并将接受的气候情况及时通报，防止大风、寒流突然袭击，在大风、降温天气做好防风、防寒准备，加固、保温室外设备。

（5）施工现场应针对混凝土生产、运输、浇筑的各个环节，与商品混凝土站就以下问题进行沟通和协调：根据需要在混凝土内添加防冻剂、早强剂，或将混凝土强度和抗渗等级提高；配备适当的运输车辆和泵送机械，加快浇筑速度，防止浇筑时间过长；根据现场客观条件，对原材料进行加热，适当提高拌和料的出罐温度。

2）技术准备

（1）工程管理人员认真熟悉图纸，在冬期施工期前 20d 做好冬期施工方案。

（2）现场技术负责人应结合冬施方案对操作人员进行详细的技术交底，使冬施方案落实到每个人。

（3）复核施工图纸，对有不能适应冬期施工要求的问题应及时与设计单位研究解决，并认真查看总平面布置图、临水布置图。现场临时供水管道、消防水管应用玻璃丝棉进行包裹，防止受冻。

（4）基坑降水井的排水管道采取包裹保温措施，安排专人每天巡检，发现问题及时处理，避免影响现场施工。

3）材料准备

冬期施工物资配备表　　　　表 4-24

序号	物资名称	单位	数量	序号	物资名称	单位	数量
1	彩条布	m²	6000	5	温度计	个	20
2	毡被	条	3000	6	电子温度计	个	8
3	塑料薄膜	m²	8000	7	测温百叶箱	个	4
4	电暖器	台	40	8	棉大衣	件	100

4）机械准备

施工的机械、工具均在一定程度上受冬期施工影响，现场妥善保管；模板、方木、钢筋、脚手架做到不淋雨雪，在雨雪天气覆盖严密；现场电工班组每周全面检查临电线路、配电箱及用电设施，防止电线硬化破损后因雨雪导致漏电现象；汽车吊、龙门吊等设备做好覆盖及防冻工作，使用冬期用油料，防止因油料上冻，影响设备正常运转；搅拌机抽水泵必须抽空，橡皮管内存水也应全部放掉，并将其存放好。

2. 冬期施工技术措施

根据总体进度计划的安排，冬期施工包括有：少量的基坑垫层及防水施工，地下结构模板、钢筋、混凝土施工，屋面施工、砌体工程、装饰装修工程等分项内容。

1）防水施工

铺贴防水卷材严禁在雨雪天施工，防水卷材热熔法施工气温不宜低于 -10℃，因此防水卷材及防水涂料的冬期施工尽量选择在白天温度较高的时段进行。防水卷材铺贴前应保持垫层表面干净、干燥，雨雪天气应采用将底层清扫干净待表面干燥后，再进行防水卷材铺设。铺贴前，基层表面应均匀涂刷基层处理剂，干燥后应及时铺贴卷材。

2）钢筋工程

由于在负温条件下，钢筋的力学性能发生冷脆性变化，屈服点和抗拉强度增加，伸长率和抗冲击韧性降低，脆性增加。在钢筋工程中应做到以下几点：

（1）钢筋在运输、堆放、搬运过程中，尽量减少碰撞、挤压，以减少钢筋表面的机械损伤，降低冷脆性；

（2）加工时必须保证二级以上的钢筋的弯曲半径大于 4 倍的直径，并不得在同一位置来回弯折，更不能用电气焊烤弯；

（3）钢筋负温焊接宜采用闪光对焊、电弧焊及气压焊的方法，但当环境温度低于 -20℃时，不宜进行施焊。

（4）浇筑混凝土前对钢筋上的霜、冰、雪等进行彻底清理。且另外还需遵守：

①在负温条件下焊接钢筋，安排在室内进行。如必须在室外进行，其环境温度不低于 -10℃，风力超过 3 级时应加设挡风板，六级以上风力时停止室外作业。

②为防止接头热影响区的温度梯度突然增大，进行帮条电弧焊或搭接电弧焊时，第一层焊缝先从中间引弧，再向两端运弧；立焊时，先从中间向上方运弧，再从下端向中间运弧；使接头端部的钢筋达到预热效果。各层焊缝焊接采用分层控温施焊。帮条焊时帮条与主筋之间用四点定位焊固定，搭接焊时用两点固定。

③钢筋的焊接要根据实际使用的环境温度选用，并在使用时和环境温度条件下进行配套检验，以满足规范要求的使用标准。

④作好原材料及焊接试件、机械连接试件的抽样检查。钢筋接头分批进行质量检查与验收，先由焊工对所焊的接头外观检查，后由质检人员验收，发现不合格品立即返工。

⑤采用钢筋接驳器连接时，需经过负温测试后方可使用。在冬期施工中，要将焊

条储存在干燥、通风良好的地方，并设专人保管。

⑥雪天时，禁止露天焊接。构件焊区表面潮湿或有冰雪时，必须清除干净方可施焊。

⑦因焊接而变形的构件，可用机械或在严格控制温度的条件下加热的方法进行矫正。普通低合金结构钢冷矫正时，工作地点温度不低于 −16℃；加热矫正时，其温度值应控制在 750 ~ 900℃之间。同一部位加热矫正不超过 2 次，并应缓慢冷却，不得用骤冷。

⑧高空焊接或气割时，注意地面情况有无易燃物，发现有隐患要及时清理，并设专人看管。现场施焊地点要配备火火器材。

⑨钢筋负温焊接时应符合下列要求：

帮条与主筋之间应在四点定位焊固定，搭接焊时应用两点固定，定位焊缝与帮条或搭接端部的距离应等于或大于 20mm；帮条焊的引弧应在帮条钢筋的一端开始，收弧应在帮条钢筋端头上，弧坑应填满；焊接时，第一层焊缝应先从中间引弧，再向两端运弧；立焊时，应先从中间向上方运弧，再从下端向中间运弧。在以后各层焊缝焊接时，应采用分层施焊；帮条接头或搭接接头的焊缝厚度不应小于钢筋直径的 0.3 倍，焊缝宽度不应小于钢筋直径的 0.7 倍。

3）模板工程

（1）模板保温措施：对梁、墙、柱模板采用阻燃草纤被保温，板层随混凝土浇筑随铺一层塑料薄膜，上加阻燃被覆盖保温。

（2）混凝土达到设计强度 30% 后方可拆除保温，混凝土内部温度与表面温度、表面温度与外部温度养护温度之差在 15℃ 以内为安全；如温差超过 15℃ 时，加强保温措施，即加强覆盖厚度，提高表面和外部的温度，直至混凝土在养护期内缓慢冷却，确保内外温差不会超过 15℃，即可拆除保温。

（3）柱、墙模板在混凝土温度降至 5℃，强度达设计强度 70% 即可拆除。梁、板模板待混凝土强度达到 100% 方可拆除模板及支撑，模板拆除后混凝土表面加临时覆盖（保温棉毡 + 塑料布），以保证混凝土缓慢冷却。

（4）模板拆除应严格审批，要有同条件试块试验报告的情况下通过监理单位确认后方可拆模；在拆模过程中，如发现有冻害现象，应暂停拆除，经处理后方可继续拆模；模板拆除时，混凝土表面温度和自然气温之差不应超过 20℃，否则应采取保温材料及时覆盖，使其缓慢冷却。

为了方便拆除，可在混凝土达到 1.0N/mm² 后，使墙、柱模板轻轻脱离混凝土再合上继续养护到 4.0N/mm² 方可拆模。顶板拆模时的混凝土强度，对于顶板跨度 ≤ 2m，养护到 50% 设计强度；顶板跨度 ≥ 2m 且 ≤ 8m。养护到 75%，顶板跨度 ≥ 8m，养护到 100% 设计强度；拆模具体时间根据同条件试块试压结果而定。

4）混凝土工程

（1）运输：尽量缩短混凝土运输时间，混凝土运输车和输送泵外包裹棉被，减少混凝土装卸次数；保证混凝土在运输中，不得有表层冻结、混凝土离析、水泥砂浆流失、坍落度损失等现象；保证运输中混凝土降温度速度不得超过 5℃/h，保证混凝土的入模温度不得低于 5℃。严禁使用有冻结现象的混凝土；罐车根据气温情况可装上保温套，接料前用热水湿润后倒净余水，以减少混凝土的热损失。

（2）浇筑前：混凝土浇筑前，清除模板和钢筋上的积雪和污垢，只准用压缩空气吹，不得用水清洗；泵管用岩棉管包裹，外缠塑料布保温，以减少热量损失。泵送开始前用热水冲洗泵管，使之预热，以减少混凝土输送热量损失；注意收听天气预报，尽量选择气温高的时间浇筑混凝土。气温低于 –15℃不得施工。此外气温在 –15℃范围内，当有寒流袭击时，也不得浇筑混凝土；混凝土浇筑前，对保温设施加强检查，发现问题及时解决，浇筑竖向结构前先检查墙、柱模板的保温是否包裹严密，以防混凝土局部受冻；指派经过培训有工作经验的技术工人进行操作，定员定岗，确保混凝土质量。

（3）入模温度控制：在混凝土泵体料斗、塔式起重机吊斗、混凝土泵管上包裹毡被，塔式起重机浇筑时每车首吊、末吊、中间吊各测一次；用小桶在吊斗下、泵管端部接混凝土测温。测定数据填入冬期施工入模温度统计表，要与车号对上。浇筑时混凝土的升温速度不得超过 5℃/h，可通过测温查出。

（4）浇筑：遇下雪天气绑扎钢筋，绑好钢筋的部分加盖塑料布，减少积雪清理难度；浇筑混凝土前及时将模板上的冰、雪清理干净；做好准备工作，提高混凝土的浇筑速度。

（5）各施工段内混凝土浇筑要连续。梁板同时浇筑，采用从一端开始向另一端"赶浆法"浇筑，当梁高大于 1m 时才允许单独浇筑梁，此时的施工缝应留在楼板面下 2～3cm 处，梁底与梁侧面要注意捣实，振捣器不要直接接触及钢筋或预埋件，振捣后用长底木抹子抹平，然后铺塑料膜及时铺盖保护。混凝土振捣密实后抹平，在混凝土表面温度降至 2℃之前覆盖塑料薄膜，加盖两层毡被，保温 72h。板下封闭，必要时采取电暖器加温，保证板底不受冻。

（6）混凝土拌和物在冬期施工时，需提高振捣标准使其内部密实，并能充分填满模板各个角落、不得有麻面、空洞及空洞造成的积水等。冬期振捣要快速，浇筑前应做好必要的准备工作，如模板、钢筋和预埋件检查、清除冰雪冻块、浇筑所使用的脚手架、马道的搭设和防滑措施检查、振捣机械和工具的准备等。

（7）养护：养护措施十分关键，正确的养护能避免混凝土产生不必要的温度收缩裂缝和受冻。在冬施条件下必须采取冬施测温，监测混凝土表面和内部温差不超标；负温以下严禁浇水养护；混凝土养护可以采取蓄热法养护等方法，可采用塑料薄膜加盖保温毡养护，防止受冻并控制混凝土表面和内部温差；选用养护剂进行养护。

①墙体混凝土养护：在模板背楞间用 50mm 厚多层压缩板填塞，模板支设完成后用铁丝将毡被固定在外侧，转角地方必须保证有搭接。

②柱混凝土养护：钢柱模板混凝土养护同墙体，视测温情况加挂毡被。

③顶板、梁混凝土养护：顶板、梁混凝土下部保温为在下层紧贴板四周（整层高度）通过在脚手架上附加横杆满挂彩条布，在新浇筑的混凝土表面先覆盖塑料布，再覆盖两层草帘被。对于边角等薄弱部位，应加盖毡被并做好搭接。

④测量放线必须掀开保温材料（5℃以上）时，放完线要立即覆盖；在新浇筑混凝土表面先铺一层塑料薄膜，再严密加盖毡被。对墙、柱上口保温最薄弱部位先覆盖一层塑料布，再加盖两层小块草帘被压紧填实、四周封好。混凝土初期养护温度，若环境温度过低，必须立即增加覆盖毡被保温。拆模后混凝土表面温度与外界温差不得大于 20℃，在混凝土表面，继续覆盖毡被；并加强边角等薄弱部位的覆盖。

（8）拆模：拆除的时间，应按结构特点、自然气温和混凝土所达到的强度来确定，一般以缓拆为宜。冬期拆除模板时，混凝土表面温度和自然气温之不应超过 20℃。在拆除模板过程中，如发现混凝土有冻害现象，应暂停拆卸，经处理后方可继续拆卸。对已拆除模板的混凝土，应采取保温材料予以保护（方式同带模保温的养护方法）。结构混凝土达到规定强度后才允许承受荷载。施工中不得超载使用，严禁在其上堆放过量的建筑材料或机具。冬施时由于拆模时间的限制，为更好的组织流水施工，将增加模板投入量。

5）施工测量注意事项

在冬期进行施工测量时要密切注意气温情况，当室外温度低于 –20℃时，不宜进行室外测量。如必须进行时，也需在所用仪器的标称使用范围内，在这种温度条件下施测，一般选择在中午或有阳光时段进行，同时还需对测量数据进行相应的改正。测量仪器要根据外部环境及测量规范，及时调整温度、气压修正值。

在冬期施工中，为确保施工精度要经常对地面控制点进行复测，以避免因受冻而发生点位偏移对施工造成后果；在冬期施工结束后，需对所有导线点进行复测，纠正因温度影响而可能存在的偏移，确保施工精度。

6）砌体工程

（1）砌体工程的冬期施工可采用蓄热法施工，或采用掺有 WNC 防冻剂的砂浆。

（2）在负温下施工时，砖、砌块不得浇水湿润，砖、砌块等使用前，要先清除表面冻层、积雪、霜及粉尘、污物。不得使用遭水浸和受冻后的砖或砌块。

（3）砂浆宜优先采用普通硅酸盐水泥拌制。混合砂浆中可采用靡细生石灰粉代替灰膏，以增加抗冻早强效果，严禁采用纯石灰砂浆。冬期施工不得使用无水泥拌制的砂浆。

（4）石灰膏等应保温防冻，当遭冻结时，应经融化后方可使用。

（5）拌制砂浆所用的砂，不得含有直径大于 1cm 的冻结块或冰块。

（6）砖砌体灰缝宜控制在 10mm 以内，砂浆必须饱满。砂浆应随拌随用，不得在灰槽中积存过久，以防冻结。已冻结砂浆不得使用。收工前，将最上一层砖的竖缝内填砂浆，用保温材料覆盖，并有防风措施。次日上工时，应先清除表面积雪、霜冻及粉尘，再进行砌筑。

（7）建筑物墙体施工时，采用蓄热法拌制砂浆。水温控制在 60℃，砂浆出机温度不低于 10℃，或在砂浆中掺加 WNC 防冻剂。

（8）为保证砌体稳定和解冻时的正常沉降，每天砌筑高度及临时间断处的高低差，不得大于 1.2m。当日最低气温低于 –10℃时，在征得本工程建设单位、设计单位同意后，将砂浆强度等级提高一级。

（9）加气混凝土砌块承重墙体及围护外墙不宜冬期施工。

（10）冬期砌筑工程应进行质量控制，砂浆试块的留置，除应按常温规定要求外，尚应增设不少于两组与砌体同条件养护的试块，分别用于检验各龄期强度和转入常温 28d 的砂浆强度。

7）装饰工程

（1）抹灰工程

①为了提高砂浆温度，一般可加热水，水的温度不得超过 80℃，水泥不得与 80℃的水直接接触，以防水泥假凝。当气温较低时，除加热水外还可加热砂，砂子温度不得超过 40℃。砂子加热可用热炕法、蒸汽加热法等。水泥不加热，有条件时可预先放入暖屋内。

②抹灰前应设法使墙体融化，墙体融化深度应大于 1/2 墙厚，最少不少于 12cm。

③抹灰砂浆必须在室内或暖棚内搅拌。手工抹灰时砂浆温度不低于 +10℃，喷涂抹灰时砂浆温度不低于 +8℃。

（2）饰面工程

冬期室内饰面工程可采用热空气或带烟囱的火炉取暖，并应设有排风、排湿装置。饰面板就位以后，用 1∶2.5 水泥砂浆灌浆，保温养护时间不少于 10d。釉面砖在冬期施工时宜在 2% 盐水中浸泡 2h，并在晾干后方可使用。

（3）油漆、刷浆、裱糊、玻璃工程

油漆、刷浆、裱糊、玻璃工程应在采暖条件下施工，当需要在室外施工时，其最低环境温度不应低于 5℃，遇有大风、雨、雪时应停止施工。

冬期刷调和漆时，应在调和漆内加入 2.5% 的催干剂和 5% 的松香水，施工时应排除烟气和潮气，防止失光和发黏不干。

室外刷浆应保持施工均衡，粉浆类料浆宜采用热水配制，随用随配并做料浆保温，料浆使用温度宜保持在 15℃左右。

玻璃工程冬期施工时，应将玻璃、镶嵌用合成橡胶等材料运到有采暖设备的室内，操作地点环境温度不应低于 5℃。

4.8.2　雨期施工保证措施

1.雨期施工准备

1）组织准备

项目部成立防汛领导小组，由项目经理担任领导小组的组长，由主管生产的副经理担任副组长，各业务部门、施工队伍的主管为组员。

2）技术准备

（1）雨期前针对工程特点和工期要求，编制《防汛应急预案》，加强对工人、职工的教育管理，充分收集及掌握西安市的气象及水文资料，并与气象部门联系，及时获得有关的天气预报资料。

（2）在雨期的施工组织安排要进行充分的优化组合，对于施工中可能发生的问题或灾害要有充分的对策，并根据防汛预案组织演练。

（3）施工场地的布置：雨期来临前，整理施工现场，施工现场道路进行硬化处理，沿道路两侧做好排水沟，保证排水畅通，围挡下部的防渗墙保证完整，防止四周地面水倒流进入场内；检查场内外的排水设施，确保排水设备完好，以保证暴雨后能在较短的时间排出积水；

防止水流入基坑内，在基坑四周防护栏外侧砌筑 30cm 高的挡水坎，同时还要加强场地内外排水系统的维护、清理等工作，确保流水顺畅。

3）物资准备

（1）雨期施工所需要的各种应急物资、材料都要有一定的库存量（见表 4-25）。

（2）外加剂、水泥等库房要做好保管与防潮工作，确保雨季的物资供应。

（3）严格按防汛应急预案的内容储备一些必要的抗洪抢险物资。

（4）与市防汛指挥部、消防支队、防汛物资供应商、就近医院等单位取得联系与沟通，确保汛情时可以互相协调与帮助。

雨期施工物资、设备表

表 4-25

序号	物资设备名称	单位	数量	备注
1	水泵	台	6	扬程 26m
2	水泵	台	4	扬程 32m，流量 25m³

续表

序号	物资设备名称	单位	数量	备注
3	电缆线	m	500	
4	水龙带	m	1000	
5	铁锹	把	10	方头
6	铁锹	把	30	圆头
7	洋镐	把	20	
8	编织袋	个	400	
9	雨鞋	双	30	
10	雨衣	件	50	
11	沙袋	个	70	已装填
12	砂	m³	10	根据使用情况组织补充
13	彩条布	m²	2000	风化及时补充
14	挖掘机	台	1	

4）机械、机具的准备

在雨期来临之前，对机电设备的电闸箱要采取防雨、防潮等措施，并严格按规范要求安装接地保护装置；加强降水井等设备的检查。

室外使用的中小型机械，按要求加设防雨罩或防雨棚。经常对使用的施工机械、机电设备、电路等进行检查，保证机械正常运转。

2. 雨期施工技术措施

根据总体施工进度计划，本工程在雨期施工的内容包括：基坑开挖、基坑降水、混凝土浇筑、用电作业等施工内容。

1）施工现场管理

根据场地实际情况，采用设置三道防线进行防水控制，确保基坑安全：

（1）检查、清理、疏导场地周边的城市排水系统，定期派人查看管网的使用情况，一旦发现问题马上与市政单位联系，共同维护好管网的畅通，确保场地外的水不进入施工现场。

（2）在场地四周设施工围挡，阻挡场外地表水进入场内。为确保场地内的水能及时排入市政污水管道，对围挡内设置的排水沟要定期进行检查和清理疏通，使得排水流畅。

（3）在基坑四周设 500mm 高挡水围堰，作为通常情况下的挡水设施。雨水及基坑抽水流入排水沟，经沉淀池沉淀后排入市政管道。现场设专人对排水系统进行维护，保证排水畅通，防止雨水倒灌。

（4）对露天的机电设备进行加盖，施工现场的配电箱和供电线路的架设要牢固。配电箱、电闸要采取防雨、防雷措施，外壳要做好保护接零。雨后专职电工要检查电源线、焊把线、机械电容等有无漏电隐患，确认无误后方可合闸送电。

（5）雨期渣土运输较为困难，应积极多联系几个渣土场。挖土阶段应积极出渣土，施工现场尽可能不要堆放太多渣土，以免污水聚集和增加地面荷载。下雨时段尽量避免运渣，以免泥浆遗撒，污染路面。

（6）现场堆放的砂石料在雨天来临之前应加盖彩条布，天晴时及时晾晒。彩条布周围应固定牢固，防止雨水冲散。使用潮湿的砂石料时，要根据含水量调整配合比，保证喷射混凝土的搅拌料质量。

2）土方开挖作业

（1）坑内挖土过程中，在每班结束后，应做好临时简易的集水坑，避免坑内雨水聚集，引起坑内土体失稳坍塌。

（2）坑内的土坡坡率不可大于1∶0.5，雨天来临之前，要对边坡特别是帮土的边坡及时覆盖。

（3）已经开挖见底的施工段及时浇筑封底垫层，即将见底的基底在雨天来临之前应预留300mm的土方，其上铺设彩条布，以避免基底直接遭受雨水侵扰。

3）基坑降水作业

基坑开挖前必须降水，保证开挖时无水作业，基坑里设置临时集水井，在雨天时将雨水汇集后及时抽排。基坑四周设置挡水坎。

4）钢筋工程

应保证钢筋在加工和安装期间不受污染、堆放在地面上的钢筋均应架立，存放的钢筋应覆盖；在钢筋绑扎过程中，如遇到下雨，及时将钢筋覆盖，遇到生锈要及时除锈。

5）混凝土浇筑作业

雨天尽量不安排混凝土浇筑作业，若必须安排或在浇筑过程中下雨时，必须用雨布遮蔽浇筑面，在混凝土终凝前不得将雨布移开。雨天浇筑作业时，混凝土的坍落度不稳定，严格控制来料质量，对不合格的料严禁入仓。若遇大雨、暴雨时立即收仓作业、停止浇筑。

6）用电作业

雨天停止焊接作业，若必须施工的小范围焊接作业，则必须将遮雨篷搭好后，方可在下面作业。

用电设备、开关箱、控制柜等接线位置不得裸露在外面，设有箱体的必须关好、上锁，没有箱体的要加盖遮雨篷，防止雨天触电、发生事故。

7）防汛应急预案

施工现场应成立以项目经理牵头，以各部主管直接负责的防汛指挥组。切实落实防汛工作各岗位责任制。

当有汛情时，各防汛小组迅速赶到防汛责任区，查看现场，清理施工便道，对各类机械设备、配电房、料库、活动房、宿舍等设备与设施加强防风、防雨、防淋的措施。

加强对基坑的钢支撑、围护结构、开挖土坡的监测，严禁围护结构周围停留重型机械、堆放重物。

汛情严重场内水头过高时，用泥袋、沙袋围堵基坑周围，防止雨水灌入基坑内，同时配备两个水泵把雨水直接抽入排水沟，并及时疏通施工场地内外排水沟。在场内围堵洪水时，要留泄水通道，当无法预留泄水通道时，直接配备水泵从集水坑内抽水。

发现防汛力量薄弱地带，及时汇报防汛组组长，要求增援防洪物资和人力。

及时调整或调动装载机、挖掘机、运输车辆等机械设备，随时准备投入防洪抢险工作中。

4.9 安全文明施工措施

4.9.1 安全施工措施

1. 安全施工组织措施

1）建立以项目经理为首的各班组参加的安全体系与管理网络，安全保证体系。

2）建立、健全各级安全生产责任制，责任到人，各项经济承包有明确的安全指标和包括奖罚在内的保证措施，总分包之间必须签订安全生产协议书。

3）组织全体职工经常学习安全生产文件，定期召开安全会议，搞好安全教育，安全交底，掌握安全生产知识。各项安全措施管理制度上墙，标准挂牌、管戒标志齐全，特殊工种持证上岗，各项工作符合要求。新进工地工人需进行公司、项目部和班组三级安全教育，且有书面记录。

4）加强施工中的安全技术交底工作，受交底者履行签字手续，对各工种严格按照安全操作规程组织施工，严禁违章指挥，违章作业。

5）进入现场必须按规定利用三保，坚持三个不准，各分项工程必须制定单项安全措施，凡与施工安全有关的作业人员必须经过安全培训考试，合格才能上岗。

6）施工班组在班前需进行上岗交底，上岗检查，上岗记录，对班组安全活动要有考核措施。

7）建立定期安全检查和不定期抽查制度，明确重点部位、危险岗位，且有记录，对查出的隐患应及时整改，做到定人、定时间、定措施。塔式起重机及施工电梯等设备应认真做好验收挂牌制度，对吊塔、施工电梯司机、电焊工、电工、架工等特殊工种均要持证上岗，建立名册。

8）建立安全值班制度，严格执行工序交接检查制，没有安全设施可拒绝施工，班组长和安全做好操作人员施工前的安全交底。

9）安全生产做到工地日检查，公司安全部门周检查，把安全事故遏制在萌芽状态。

2. 安全施工技术措施

1）对于现场各种机电设备、脚手架工程均实施现场挂牌验收制，未经专职人员验收合格不得使用，各操作人员必须持证上岗，并做好保养，清洁工作。

2）吊车作业时，严禁在起重臂下站人，禁止将起吊的物体凌空于人行道和周围建筑物的上空，坚决做到"十不吊"原则。

3）对于所有预留洞、楼梯口、电梯门口、楼层边四周均要做好安全栏杆，围上安全网，在楼层立面上高挑安全网，防止高空落物。

4）对于各特殊工种均需持证上岗，无证者一律不得进行操作。

5）电动机械及工具应严格按"一机、一闸、一漏、一保"。

6）施工机械及电气设备需掌握使用安全规程，非专业人员不得随意操作。

7）挖土前，应预先了解该处地下管网情况，保护好地下管网。

8）主体及外墙装饰施工，四口按规定要求满挂安全网，起重，吊装设专人指挥，四面防护要符合要求。严格认真执行安全生产十项措施，规章制度、操作规程、安全交底。单项安全措施交代到人。

9）地沟，地槽挖土适当放坡，防止塌方。旁边推车运料，预防掉下砖石、土块或翻车等现象的发生。

10）脚手架及其搭设必须符合要求。按规定设防护栏杆和防护网，每搭设一次一处必须经检查验收合格，做好交接手续，屋面施工靠边缘时作业人员必须有安全带。

11）钢丝绳的承载能力要经常检查验算，滑轮及制动装置安全可靠，机械运转正常，必须执行经审批的吊装方案，专人指挥，同一信号，吊装前要进行安全交底。

12）塔式起重机、外脚手架必须防雷接地。

13）外墙粘泡沫板、刷涂料时，一律使用全钢吊篮，屋顶配重使用钢管架，工人必须配安全带，安全绳与吊篮钢丝绳必须各自组成安全体系，严禁将二者固定在一处。

3. 现场消防保卫措施

1）建立以项目经理为组长的消防工作领导小组。

2）脚手架、装饰装修楼层、食堂均挂设灭火器，同时对职工进行消防知识宣传。

3）电焊工、气焊工必须持证上岗，严禁他人擅自操作。

4）对容易引起火灾的乙炔瓶、各类溶剂实行专人负责，严格出库登记手续。

5）施工现场围墙围护，加强门卫昼夜值班制度。

6）装饰装修高峰时，增加消防保卫人员，对工地进行全过程、全方位的检查。

7）对职工进行登记手续，严禁分包单位擅自招用外地工人。

4.9.2 文明施工措施

1. 现场生产区

1）划分出的生产作业区、加工区、材料堆放区等卫生区域，明确卫生责任人，项目经理组织有关人员定期检查、考核。对现场生产区、仓库、工具间制定定期清扫制度，责任到人，使整个现场保持整齐、清洁、卫生、有序的良好氛围。

2）粉细散装材料，采取室内（或封闭）存放，严密遮盖。卸运时采取有效措施，减少扬尘。

3）施工现场采取洒水降尘措施，利用沉淀池的水喷洒现场。

4）生产区、加工区设防护棚，防护棚用钢管搭设，棚顶设双层 50mm 厚木板，间距不大于 60cm。

5）砂石料场及钢筋场采用 C10 细石混凝土进行硬化，防止材料浪费。

6）材料堆放

（1）施工现场所用材料及设施，要按统一规划的施工总平面布置图进行堆放。散料露天堆放，杆料立竿设栏，块料堆放整齐，并挂材料标识牌，保证施工现场道路畅通，场容整洁。

（2）材料堆放要求稳固整齐，不能堆放过高，防止坍塌伤人。

（3）易燃易爆物品要单独设置库房堆放，以防止发生意外。

（4）现场木材堆放不宜过多，易燃易爆物品的仓库应置地势低处。

7）现场临设、库房、易燃料场和用火处要有足够的灭火工具和设备。

2. 现场办公区

1）施工作业与现场办公、生活区严格分开，在建的楼层房间不得作为生活住宿的宿舍。

2）办公室地面铺地板砖并做吊顶，办公用具统一配备，办公室保持清洁干净。

3）夏季办公室开窗通风，并挂设窗纱，以防蚊虫叮咬。

4）设置水冲式厕所，专人定期冲洗，保持卫生。

5）现场设开水间，保证每天供应开水。

6）施工现场标牌

（1）施工现场大门醒目处挂设"六牌一图"：工程概况牌、管理人员名单、消防保卫牌、安全生产牌、文明施工、监督电话牌、施工平面布置图。

（2）现场设有宣传栏、读报栏、黑板报，以提高职工的文化生活。

（3）悬挂安全标语。

7）现场办公区入口处均设消防器材与消防标志，附近不得堆物，消防工具不得随意挪用，明火作业必须有专人看守。

8）施工现场设置吸烟室，室内配置烟灰缸，不允许乱丢烟头。

3. 施工工作面

1）楼层施工垃圾搭设封闭式临时专用垃圾道，严禁随意抛散，施工垃圾及时过筛挑选，物尽其用，废物及时清运出施工现场，防止堆放时间过长，堆积过多，影响和污染环境。

2）穿墙电线或靠近易燃物的电线要穿线保护，灯具与易燃物要保持安全距离。

3）现场焊工、防水工应受过消防知识教育，持有操作合格证。

4）冬期施工作业面上严禁班组操作人员燃烧木、竹制品取暖。

4. 生活区

1）生活区的管理要规范化、制度化，明确卫生岗位责任人，项目经理组织有关人员定期检查、考核。现场宿舍、食堂、厕所等建立定期清扫制度，责任到人，使生活区始终保持整洁、卫生、有序的良好氛围。

2）生活垃圾倾倒进垃圾箱，并及时清运出施工现场，防止堆放时间过长，堆积过多，影响和污染环境。

3）现场设置水冲式厕所，专人定期冲洗，保持卫生，楼层每三层设一便桶，有专人保洁。

4）现场职工宿舍应有良好的通风、采光条件。照明线路由电气作业人员统一按标准架设。宿舍墙面抹灰并刷白色晶钢瓷粉，地坪硬化处理。毛巾、衣物等应统一拉设铁丝或晒绳悬挂，被褥折叠整齐，床铺底应保持干净、卫生。

5）生活区设置统一的职工集体食堂，食堂墙面抹灰，刷白，通风采光良好；灶台、工作台应铺贴瓷砖，建立食堂管理制度，并按管理制度加强日常的检查和管理。

6）保证供应卫生干净的饮用水，并在施工现场设置专人负责管理的开水间，保证职工的开水供应；平时洗刷用水应设置水池，流槽口应设置篦子，防止杂物堵塞；下水、排水道必须保持畅通，防止污水乱淌。

7）施工现场设立职工淋浴和保健室，配备必需的医疗药品和用具，组建相应的救护和抢险成员，满足现场可能发生的突发事故或险情的需要。

4.10 进度计划

4.10.1 总体目标

根据招标文件中所给出的 425 天工期及拟开工时间 2016 年 8 月 1 日，将安排共计

410 日历天的总施工进度计划，比业主所给定的工期提前 15 天完成所承包范围工作。

4.10.2　工期分析

×××大学大学生活动中心项目计划施工期间为 2016 年 8 月 1 日～2017 年 9 月 14 日，赶在秋季新学年开学前竣工，期间跨越国庆节、春节等国家法定节假期，考虑秋季连阴雨，冬期雾霾政府管控影响施工，以及施工期间还可能遇到材料、劳动力、机械设备等资源供应困难，做好工期风险控制极其重要；施工现场位于学校核心区域，距离最近的教学楼直线距离不足 50m，施工现场噪声管控严格也会为工期带来压力，因此需要优化进度计划，采取合理穿插工序，来保证工程进度。

4.10.3　施工总进度计划优化

1. 总体部署上的优化

1）成立抢工突击队，以备赶工需要，同时采取奖励机制，激发工人劳动积极性。

2）布置两台臂长 60m 的 QTZ80 塔式起重机和一台施工电梯以形成高效的垂直运输网络。

3）地下室外墙施工完毕后进行土方回填，可根据需要对道路进行拓宽，使场地内施工道路可以有效贯通，增加运力。

2. 工序的合理穿插

1）砌筑工程在主体结构完工后插入。

2）给水排水和暖通工程在 –1 层砌体结构完工后插入。

3）机电工程在 3 层给水排水工程完工后插入，与给水排水和暖通工程错开工作面。

4）室内装修和室外装修，门窗安装穿插进行，合理进行工作搭接，缩短工期，整个装饰装修阶段持续时间为 93 个工作日。

3. 流水施工

1）基础和 –1 层分为四个流水段流水施工。

2）2 层～屋面层分为东西两个流水段流水施工。

4.10.4　进度计划编制

进度计划的编制采用广联达斑马·梦龙网络计划软件，本工程双代号时标网络图如图 4-26 所示。

广联达斑马·梦龙网络计划软件可以快速导入 Project 工程，实现横道图与双代号网络图的互换，直观发现工程计划文件的逻辑关系问题，检查关键路径是否正确。实现任务关系或工期调整，路径实时计算，可导出 Project、图片、Excel、PDF 等格式文件，不同分部工程的计划横道图如图 4-27 ~ 图 4-29 所示。

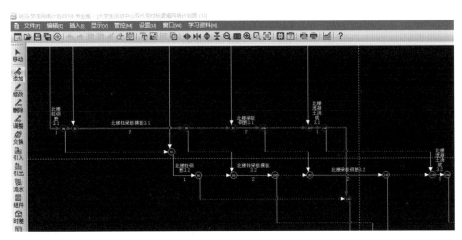

图 4-26 施工进度双代号时标网络图

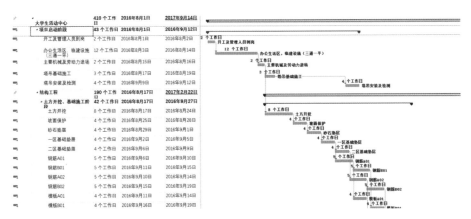

图 4-27 结构施工阶段进度计划横道图

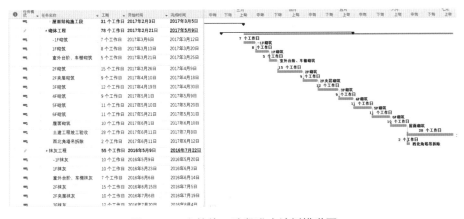

图 4-28 砌筑施工阶段进度计划横道图

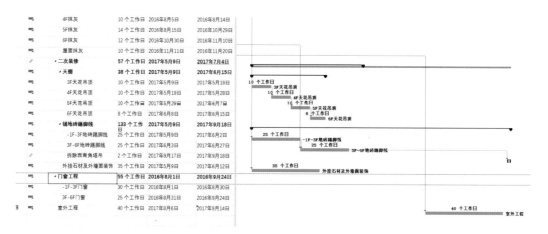

图 4-29　装饰装修施工阶段进度计划横道图

4.10.5　施工工期保证措施

1.工期保证措施

1）制订完善的施工进度计划

编制详细的施工进度计划表，并执行施工进度计划：严格按照制订好的进度计划，全方位开展施工。在施工过程如发现施工进度与形象进度有出入时，马上查找原因，并及时进行调整，确保每道工序、每个分项工程都在计划工期之内。整个工程要加强计划工期控制，每周制订工程周进度计划，并严格执行进度计划。

2）采取有效措施，控制影响工期的因素

为保证该工程项目能按计划顺利、有序地进行，并达到预定的目标，必须对有可能影响工程按计划进行的因素进行分析，事先采取措施，尽量缩小实际进度与计划进度的偏差，实现对项目工期的控制。影响该项目进度的主要因素有计划因素、人员因素、技术因素、材料和设备因素、机具因素、气候因素等，对于上述影响工期的诸多因素，我们将按事前、事中、事后控制的原则，分别对这些因素加以分析、研究，制定对策，以确保工程按期完成。

3）利用计算机进行计划管理

根据本项目的工程、特点及难点，安排合理的施工流程和施工顺序，尽可能提供施工作业面，使各分项工程可交叉进行。在各工序持续时间的安排上将根据以往同类工序的经验，结合本工程的特点，留有一定的余地，并充分征求有关方面意见加以确定，同时要据各个工序的逻辑关系，应用目前国内较先进的梦龙网络软件，编制总体网络控制计划，明确关键线路，确定若干工期控制点，同时将总计划分解成月、旬、周、日作业计划，以做到以日保周、以周保月、以月保总体计划的工期保证体系。

根据确定的进度检查日期，及时对实际进度进行检查，并据此做出各期进度控制点，及时利用计算机对实际进度与计划进度加以分析、比较、及时对计划加以调整，在具体实施时牢牢抓住关键工序及设定的各控制点两个关键点，一旦发生关键工序进度滞后，则及时采取增加投入或适当延长日作业时间等行之有效的方法加以调整。

2. 不间断施工措施

1）人力因素

（1）现场管理人员：根据现场实际施工需要，安排值班并做好交接。

（2）检查验收工作：验收检查等工作提前与监理工程师预约，保证在需要进行验收工作时现场有监理工程师值班，确保隐蔽工程或中间验收不间断。

（3）保证劳动力充足：确保项目在施工进行过程中，不会因为劳动力的短缺等因素影响施工的正常进行。在项目施工建设过程中，我司会对劳动力市场供求情况保持良好的把握，以便随时根据施工情况调整劳动力，确保整个过程不出现劳动力短缺的情况。

2）机械因素

（1）机械进场：项目部按照施工现场的实际情况，根据项目总进度计划编制大型机械设备进场计划，安排施工机械按时或提前进场。

（2）机械故障：施工期间，塔式起重机、施工电梯等分包单位除安排操作人员 24h 值班外还要有常驻技术人员以及维修人员，随时解决一切机械故障，保证不因机械故障影响施工进度，定期检查机械，排除故障隐患。

3）物资因素

（1）物资储备：按计划在节假日期间会进行连续施工。外部单位可能会休息，导致此期间工程材料及周转材料可能出现无法及时进场的情况，项目部要根据节假日的施工进度安排，提前储备好现场需用物资，保证材料供应。

（2）物资计划：项目部各管理团队之间相互配合，按进度计划及现场施工情况提前做好物资计划，联络物资供货脉络，签订合同，保证物资进场。

4）工艺因素

（1）天气因素：项目部根据西安市季节特点编制好冬雨期施工方案，尽量避免因天气原因造成施工进度的延误，或施工质量出现问题。

（2）技术因素：项目技术部牵头组织对施工方案进行评审会议，尽量使施工方案周全，能够指导现场施工，在施工过程中，技术部门提前做好各种技术准备，以免因准备不足或考虑不周，影响现场施工进度。

5）安全因素

（1）根据制定的各阶段安全文明施工要求以及相应手册做好各项安全文明施工措施，保证工人的安全，按要求对工人进行安全教育，尽量避免出现安全问题。

（2）成立安全事故应急小组，编制安全事故应急预案，一旦出现安全问题，立即启动应急预案，减小危害同时排除危险源，保证工程尽快恢复施工。

6）质量因素

（1）要根据各不同阶段、不同区域、不同专业制定相应的质量控制体系及保证措施，并切实实行，避免因质量不过关导致停工的情况出现。

（2）编制各项常见质量缺陷补救措施，保证在出现一般质量问题时可及时补救，保证正常施工的进行。同时细化每个施工步骤，对可能出现的质量问题进行分析，采取技术措施进行规避，保证不因质量问题影响施工进度。

7）其他因素

（1）熟悉相关规定条文，并关注学校的大型文体、教学活动举办的时间等，提前对现场施工进行妥善安排，尽量不影响总进度。

（2）在施工过程中，注意对周边建筑物、构筑物进行变形监测，建立完善的监测报警机制，对可预见性问题及时采取措施避免，对突发的事故要建立应急措施，及时解决，将影响降到最低，保证施工的正常进行。

（3）与供水部门及时沟通，建立停水报警制度，提前做好蓄水措施，在停水时，用水量较大的工种避开停水时段作业，保证现场施工能够进行。

4.10.6　赶工措施

1. 进度滞后分析

1）分析进度偏差的工作是否为关键工作

若出现偏差的工作为关键工作，则无论偏差大小，都对后续工作及工期产生影响，必须采取相应的调整措施，若出现偏差的工作不是关键工作，需要根据偏差值与总时差和自由时差的大小关系，确定对后续工作和工期的影响程度。

2）分析进度偏差是否大于总时差

若工作的进度偏差大于该工作的总时差，说明此偏差必将影响后续工作和工期，必须采取相应的调整措施；若工作的进度偏差小于或等于该工作的总时差，说明此偏差对工期无影响，但它对后续工作的影响程度，需要根据比较偏差与自由时差的情况来确定。

3）分析进度偏差是否大于自由时差

若工作的进度偏差大于该工作的自由时差，说明此偏差对后续工作产生影响，应该如何调整，应根据后续工作允许影响的程度而定；若工作的进度偏差小于或等于该工作的自由时差，则说明此偏差对后续工作无影响，因此，原进度计划可以不作调整。

2. 确定赶工目标

根据进度滞后分析情况，对于影响后续施工的工作，确定赶工时间节点，保证施工工期符合总进度计划。

3. 赶工措施

1）根据编制详细赶工施工进度计划，保证在赶工完后施工进度满足或超过项目总进度计划，并对相关分包、劳务单位进行交底。

编制施工进度计划时采用倒排工期法，根据已经确定的赶工工期目标，反推工期，确定若干个节点工期，根据节点工期计划排出每一天的工作内容、需要的材料、各工种劳动力等资源，明确责任人，每天负责督促落实。

2）明确因赶工增加的劳动力、机械设备、材料等资源数量，编制资源进场计划，积极组织资源进场，保证赶工期间施工要求。

各相关责任人提前一周向项目、公司提出材料需用计划，以便材料及时进场；提前一周向劳务队伍提出人员需用要求，确保劳动力及时到位；提前一周向配合单位、部门提出配合需求，确保不因配合问题影响当日进度。

3）加大劳动力投入并做好保障措施。

同劳务队伍签订工期协议及劳动力协议，在最短时间内调动所需劳动力投入施工。做好现场工人的后勤保障工作。跟踪工人的工资发放工作，保证工人的工作热情。

4）各方面的通力配合。

提前与业主、监理协商，获得业主和监理的配合和协助，及早办理相关手续，为各项抢工措施提供便利。

与设计协商，及时解决确认施工中的问题，并将部分设计更改为有利于加快施工进度的方面。

在总包的总计划统领下，及时做好各专业的现场施工与协调工。

公司各部门全力配合项目施工，及时进场相关原材料，为项目提供技术支持，及时快速的协助项目解决施工中出现的各种问题。

5）适当奖励

赶工前，与项目管理人员、各分包、劳务队伍约定赶工奖励办法。

赶工期间，根据制定的赶工节点进行考核，若进度达到或者超过节点要求，给予管理人员、各分包、劳务队一定的奖励。若进度滞后于考核节点，则组织进行夜间抢工，直至进度回至计划内。

4.11 投标施工组织设计编制指导

本章以上内容为结合实际的工程案例，给读者详述了如何来编制一个较为完善的施工组织设计文档。在投标文件中，这部分内容将作为技术标的核心内容。笔者在多年的教学实践中，发现很多学生在毕业设计阶段编制投标文件的过程中，存在很多问题，主要有以下几个方面。

1. 没有认真阅读施工图纸的说明文档

很多学生在编制技术标的时候，没有认真阅读施工图纸上的图纸说明部分，对工程的实际情况不是很了解，想当然的就从网上或者书上摘录相关内容开始编制文件。甚至有很多同学直接从网上复制、粘贴其他项目的施工组织设计文案。

在结构施工图中关于施工做法的说明，都详细地写在了结构施工图说明部分。尤其是关于基础工程、桩基工程施工中的技术要求，都有很详细的说明。如果不仔细阅读图纸说明的话，在制定工期时往往就靠拍脑袋，给出一个不切合实际的工期。例如，有的项目会在结构施工图中说明桩基础施工要求，包括施工的一般顺序：试桩、检验、打桩、验桩、桩头处理等过程，其中试桩、验桩的时间要求都会非常明确地写在图纸说明中。如果不认真阅读图纸，就不知道这些时间要求，那么在制定项目施工进度计划网络图时，整个基础工程的时间都是不对的，如果参加真实的投标的话，就会直接被废标。

2. 施工方案描述不完善

我们在指导毕业设计的过程中，发现很多学生在编制施工方案的时候，没有认真分析案例工程的特殊性要求，所以在施工方案的描述中，往往把常规性的施工方案流程粘贴复制到文档里。每个项目都有其特殊的地方，比如本案例工程中就存在高支模、大跨梁的情况，那么在施工方案中应针对这一问题给出专项施工方案说明。

而在实际的工程招投标过程中，技术标往往最关心的就是工程中的特殊性有没有被给出专项解决方法，如果没有的话，至少在这个环节就会丢分，甚至有可能会被废标。毕业设计环节就是要按照实际工程要求，培养学生观察问题、提出问题、解决问题的能力，所以这点应该得到指导教师及同学们的重视。

3. 绘制双代号网络图不严谨

我们指导学生毕业设计在编制施工组织报告时，要求同学必须绘制施工进度双代号网络计划图。这样，一方面可以培养学生在项目时间规划方面的能力，另一方面也考验同学们对工程施工的逻辑性认知能力。我们发现在绘制双代号网络图的过程中，同学们往往都或多或少地出现不同程度的问题，主要表现在以下几个方面：

1）没有严格按照双代号网络图的绘图规范绘制双代号网络图。很多同学在绘制双代号网络图的时候，为了方便，把双代号网络图截成多段，造成在一张图纸上出现了多个起始点和多个终止点，并且通过两个相同编号的节点来反映不同段网络图之间的连接关系。这完全不符合双代号网络图绘制规范，是错误的做法。

2）反映多施工段流水节拍的过程中，没有认真分析不同流水段之间的逻辑关系，造成网络图中的紧前紧后关系错误。

3）在基础施工阶段的时间安排，尤其是桩基础施工的时间安排完全没有参照施工图纸说明要求来进行，随意性很强。

4. 施工现场布置不规范

施工现场布置图的绘制，很多同学不按照规范要求，主要表现在以下几个方面：

1）施工现场材料堆场面积规划太随意，没有按照设计要求进行计算确定。

2）办公及生活区面积规划太随意，没有按照实际工程人员数量要求进行设定。

3）图纸图签不规范，有的同学甚至没有画图签，有的同学图纸图例位置、画法都缺乏规范。

4）指北针、风玫瑰图画法太随意。另外出图时，图纸的比例尺与实际图纸不符，有的同学甚至没有标比例尺。

5. 文件排版不规范

很多同学可能是从网络上拷贝并粘贴了很多内容，字体、行间距、字号都不统一。另外对文中所包含的图片、表格没有给出图号、表格编号。

表格跨页时，表格没有人为断开，标明下页表格为上页表格的续表，而是直接让表格连续跨页。

有的同学给出了图号、表格编号，但没有按章节连续编排，而且表格编号、图号出现的格式不对，一般来讲表格编号及表格名称连在一起，位于表格的左上方或者表格的正上方居中，图号及图名一般连在一起，置于图片的正下方居中。

大图可以通过缩放方式，以读者可以看清为原则，如果图片过大，页面所剩位置不足以放下该图，在缩小后又无法完全看清的情况下，可以把图片位置调整到其他临近的页面中（上一页或下一页中），从第一行开始放置，但需在文中说明见某某图即可，把页面中图片空下来的位置用后面的文字填补，使页面完整。很多同学在遇到这种情况时，往往不管不顾，导致图片被自动移到下一页，而本页空出大量的空白区，排版效果很差。

4.12 施工施组与投标施组的差异性介绍

施工组织设计是用来指导施工项目全过程各项活动的技术、经济和组织的综合型文件，是项目开工后各项活动能有序、高效、科学合理地进行的有力保障，而施工组织设计按其编制的时间不同，可分为投标阶段的施工组织设计和标后的实施性施工组织设计。

由于在项目实施的不同阶段，投标单位重视的因素不同，因此导致投标阶段的施工组织设计和标后的实施性施工组织设计存在很大差异。

1. 编制的目的不同

投标施工组织设计是投标文件的组成部分，是向业主提供该项目的整体性策划和技术组织上的措施，为投标报价或商务谈判提供依据。其主要作用是最大限度地满足招标文件的各项要求和技术标的评分标准，并向业主展示自己技术实力和管理能力，以项目中标为目的。

标后实施性施工组织设计是为项目的实际实施服务，是直接指导具体的施工过程，为项目实现既定的各项施工管理目标提供可靠的保障。其作用主要是指导项目的实际施工，追求施工效率和经济效益，主要突出的是合理性和可操作性。

两者编制目的的重要区别是：投标施工组织设计是控制性、战略性、规划性的，而实施性施工组织设计则是全局性、指导性、可操作性的。

2. 编制的条件不同

投标施工组织设计编制的时间很短，欠缺周密的考虑和充分的论证，而且依据的是招标文件和有可能不是很完整的施工图纸。

实施性施工组织设计编制的时间相对较长，有充分的时间进行数据收集和方案论证，而且依据的都是完整的施工图纸和工程的实际情况。

3. 编制的主体不同

投标施工组织设计大都由企业经营部门的技术人员编制，这些人员有相当一部分由于长期坐办公室，很少下现场，往往对施工工艺流程只是概念性的轮廓，对现场实际考虑不足，方案技术落后、缺乏先进性和可操作性。

标后施工组织设计一般由实施的项目部组织编制，文字表述最清晰，最明确，能将施工重点传递给现场执行层和操作层，具有很强的操作性和安全性。

4. 受用的主体不同

投标施工组织设计的受用主体是评标委员会的技术经济专家，评标委员会的专家关心的是技术标内容是否响应招标文件的要求以及重点、难点的分析，而对可操作性等常规性细节缺少关注。

实施性施工组织设计的受用主体是项目的执行层和作业班组，这些基层的工作人员关心的是施工组织设计的可操作性、可行性和安全性等常规性的技术点。

5. 编写的内容不同

投标施工组织设计的内容主要是满足招标文件对技术标的要求和符合评分点即可。

实施性施工组织设计的内容则是以指导项目实际施工为目的，不受招标文件的限制，只要符合施工的具体要求即可。

6. 编制的重点不同

投标施工组织设计仅用于项目投标阶段，若未中标，则使命完成。其编制的重点在于严格按照评标办法中各评分点进行逐项阐述。分值大的评分点其内容论述详细一点，分值小的相应粗略一点。另外在机械设备、主要材料和人员配备方面都比实际投入量稍大一些，以免被评委认为投入不足，影响得分。因此，投标施工组织设计是以评委评分的角度进行编制的，"投其所好"以取得高分。

实施性施工组织设计则是为内部使用，直接指导施工，通常都是把重点放在方案的合理性和技术的可行性上，在编制过程中没有招标文件的限制，应比投标施工组织设计更全面、更详尽。

7. 章节的顺序不同

投标施工组织设计通常按技术标评标办法中的各评分点的顺序来编制各章节的顺序，这样往往出现整个文档设计整体连贯性不强、跳跃性较大。

实施性施工组织设计在章节顺序上没有上述顺序要求，它由编制者自行安排文档的内容结构，各章节的顺序要比投标施工组织设计更合理、更连贯。

总之，投标施工组织设计是实施性施工组织设计的前提和基础，没有投标施工组织设计，就不存在标后的实施性施工组织设计。而实施性施工组织设计是投标施工组织设计的深化和拓展。

5

BIM 专项方案

5.1 外脚手架方案设计

5.1.1 设计依据

1.《建筑施工扣件式钢管脚手架安全技术规范》JGJ 130—2011。

2.《建筑施工高处作业安全技术规范》JGJ 80—2016。

3.《混凝土结构工程施工质量验收规范》GB 50204—2015。

4.《建筑施工安全检查标准》JGJ 59—2011。

5.《高层建筑混凝土结构技术规程》JGJ 3—2010。

6. 本工程建筑施工图和结构施工图。

7.《建设工程安全生产文明施工现场管理标准图集》2014 版。

5.1.2 设计软件

设计软件采用广联达 BIM 模板脚手架设计软件，该软件利用数字图形技术，辅助施工企业（项目部）技术人员，进行模板脚手架方案可视化设计，快速绘制施工图、计算书，精确计算材料用量。

该软件可引入架体分块，解决实际项目中建筑立面平面凹凸、立面高低错落时，外脚手架需要连续排布的设计场景；基于架体分块，可做到任意排数的架体混合连续排布，弧形外架自动拟合为折线，落地支撑和悬挑支撑自由编辑。

本案例脚手架设计方案采用广联达 BIM 模板脚手架设计软件编制，如图 5-1 所示。

5.1.3 施工工艺

1. 搭设流程

施工工序：铺设脚手板→摆放横向和纵向扫地杆→逐根树立立杆、随即与扫地杆扣紧→安装第一步大横杆（与各立杆扣紧）→安装第一步小横杆→第二步大横杆→第二步小横杆→第三、四步大横杆和小横杆→连墙杆→接立杆→铺设脚手板（水平安全兜网）→张挂安全网。

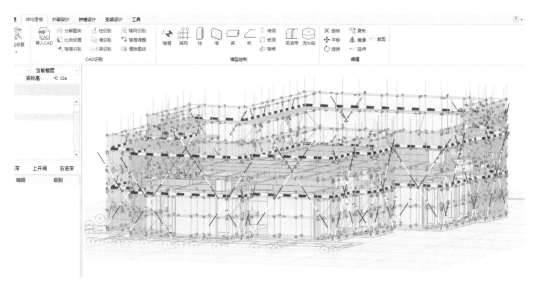

图 5-1　BIM 脚手架设计方案

2.搭设方法及要求

1）定距定位。根据构造要求在建筑物四角用尺量出离墙距离，并做好标记。用钢卷尺拉直，分出立杆位置，并用小竹片点出立杆标记。垫板、底座应准确的放在定位线上，垫板必须铺放平稳，不得悬空。

2）在搭设首层脚手架的过程中，沿四周每框架格内设一道斜撑，拐角处双向增设，待该部位脚手架与主体结构等的连墙杆件可靠拉结后方可拆除。当脚手架操作层高出连墙件两步时，应采取临时稳定措施，直到连墙件搭设完毕后方可拆除。

3）双排架宜先立内排立杆，后立外排立杆。每排立杆宜先立两头的，再立中间的一根，相互看齐后，立中间部分各立杆。双排架内、外排两立杆的连线要与墙面垂直。立杆接长时，先立外排，后立内排。

4）脚手架应从一个角部开始并向两边延伸交圈搭设；"一"字形脚手架应从一端开始并向另一端延伸搭设，应按定位依次将纵、横向杆与立杆连接固定，然后装设第1步的纵向和横向平杆，随校正立杆垂直之后予以固定，并按此要求继续向上搭设。

5）在设置第一排连墙件前，"一"字形脚手架应设置必要数量的抛撑，以确保构架稳定和架上作业人员的安全。

6）脚手架处于顶层连墙点之上的自由高度不得大于 2 步。当作业层高出其下连墙件 3 步或 4m 以上且其上尚无连墙件时，应采取适当的临时撑拉措施。

7）脚手板或其他作业层铺板的铺设应符合以下规定：

（1）脚手板或其他铺板应铺平铺稳，必要时应予绑扎固定。

（2）脚手板采用对接平铺时，在对接处，与其下两侧支承横杆距离应控制在 100 ~ 200mm 之间。

（3）脚手板采用搭设铺放时，其搭接长度不得小于 200mm，且在搭接段的中部应设有支承横杆。铺板严禁出现端头超出支承横杆 250mm 以上未作固定的探头板。

（4）长脚手板采用纵向铺设时，其下支承横杆的间距不得大于 1.0m。纵铺脚手板应按以下规定部位与其下支承横杆绑扎固定：脚手架的两端和拐角处；沿板长方向每隔 1.5 ~ 2.0m；坡道的两端；其他可能发生滑动和翘起的部位。

（5）装设连墙件或其他撑拉杆件时，应注意掌握撑拉的松紧程度，避免杆件和整架的显著变形。

（6）在搭设中不得随意改变构架设计、减少杆配件设置和对立杆纵距作 ≥ 100mm 构架尺寸放大。

5.1.4　脚手架构造要求

1. 基础处理

落地式脚手架搭设落于地下室顶板上，搭设时顶板作为基础应注意如下内容：

1）基础面应处理平整，符合搭设要求。

2）立杆底部应设置底座或铺设 50mm 厚、长度不少于 2 跨的木方垫板。

2. 立杆

1）立杆采用双立杆，立杆纵向间距控制在 1.5m 内，横向间距 0.9m，内立杆距建筑物外立面 0.25m、0.45m，大横杆步距 1.8m。

2）立杆接长除顶层顶步外，其余各层各步接头必须采用对接扣件对接。立杆采用对接接长时，立杆的对接扣件应交错布置，两根相邻立杆的接头不应设置在同步内，同步内隔一根立杆的两个相隔接头在高度方向错开的距离不小于 500mm；各接头中心至主节点的距离不大于 0.6m。架体阴阳角处应设置 4 根立杆，同时为保证立杆整体性及搭设安全性，转角处立杆搭设见示意图 5-2、图 5-3。

3）脚手架必须设置纵、横向扫地杆。纵向扫地杆采用直角扣件固定在距钢管底端不大于 150mm 处立杆上。横向扫地杆采用直角扣件固定在紧靠纵向扫地杆下方立杆上。

3. 纵向水平杆（大横杆）

1）纵向水平杆应设置在立杆内侧，单根杆长度不小于 3 跨。

2）大横杆应连通封闭，大横杆在架体转角部位以外可以搭接，在转角部位的大横

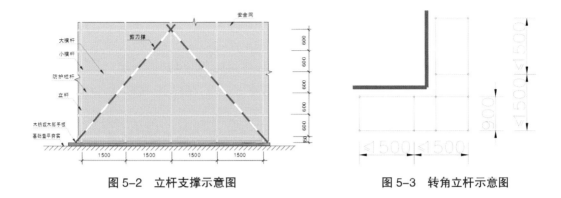

图 5-2　立杆支撑示意图　　　　　图 5-3　转角立杆示意图

杆不能超过转角的 200mm。

3）纵向水平杆接长应采用对接扣件连接或搭接，并应符合下列规定：

（1）两根相邻纵向水平杆的接头不应设置在同步同跨内；不同步或不同跨两个相邻接头在水平方向错开的距离不小于 500mm；各接头中心至最近主节点的距离不应大于 500mm。

（2）搭接长度不应小于 1m，应等间距设置 3 个旋转扣件固定；端部扣件盖板边缘至搭接纵向水平杆杆端的距离不应小于 100mm。

4. 水平杆（小横杆）

1）横向水平杆应布置在纵向水平杆的上方。

2）主节点处必须设置一根横向水平杆，用直角扣件扣接且严禁拆除。

3）作业层上非主节点处的横向水平杆，宜根据支承脚手板的需要等间距设置，最大间距不应大于纵距的 1/2。

5. 连墙件

连墙杆采用扣件连接，按脚手架每一层（单层高度 4.5m）两跨设置。在楼板中预埋短钢管并采用扣件与架体拉结。连墙杆采用 Φ48×3.6mm 钢管，与脚手架的连接采用扣件连接。连墙杆横竖向顺序排列、均匀布置、与架体和结构立面垂直，并尽量靠近主节点。连墙杆伸出扣件的距离应大于 10cm。

6. 脚手板

1）作业层脚手板采用钢筋网片布置，每作业层需满铺，且应铺满、铺稳、铺实。作业层端部脚手板探头长度应取 150mm，其板的两端均应固定于支承杆件上。

2）脚手板应设置在三根横向水平杆上。当脚手板长度小于 2m 时，可采用两根横向水平杆支承，但应将脚手板两端与横向水平杆可靠固定，严防倾翻。脚手板的铺设应采用对接平铺或搭接铺设。脚手板对接平铺时，接头处应设两根横向水平杆，脚手板外伸长度应取 130～150mm，两块脚手板外伸长度的和不应大于 300mm；脚手板搭接铺设时，接头应支在横向水平杆上，搭接长度不应小于 200mm，其伸出横向水平杆的长度不应小于100mm。

7. 剪刀撑

1）每道剪刀撑按四跨设置，剪刀撑斜杆与地面夹角为45°～60°。剪刀撑斜杆应用旋转扣件固定在与之相交的横向水平杆的伸出端或立杆上，旋转扣件中心线至主节点的距离不应大于150mm。

2）剪刀撑的接头采用搭接，用旋转扣件与立杆和临近的小横杆扣紧，搭接长度不应小于1m，且采用不少于 3 个旋转扣件将搭接处拧紧。

8. 安全网

脚手架外侧满挂密目安全网。网体竖向连接时采取用网眼连接方式，每个网眼应用 16# 铁丝与钢管固定；网体横向连接时采取搭接方式，搭接长度不得小于200mm，架体转角部位应设置木枋作内衬以保证架体转角部分安全网线条美观。安全网接口处必须连接严密。严禁使用损坏和腐朽的安全网。

9. 水平防护

1）主体施工阶段，施工层、拆模层必须满铺脚手板。

2）从第二层起应每隔 8m 设置一道硬质隔断防护，并在其中间部位张挂水平安全网。

3）脚手板铺设时严禁出现探头板，脚手板端头用直径为 1.2mm 的镀锌铁丝固定在小横杆上。

10. 杆件连接

杆件连接详见图 5-4、图 5-5。

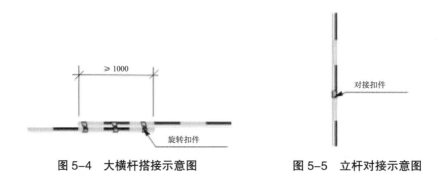

图 5-4　大横杆搭接示意图　　　　图 5-5　立杆对接示意图

11. 挡脚板

每组剪刀撑处设置挡脚板，挡板宽度 200mm，挡脚板应布置在立杆内侧。

12. 拦腰杆

拦腰杆设置在每步脚手架 600mm 和 1200mm 高处，且只在脚手架外围设置。

5.1.5　落地式脚手架检查验收

1.脚手架验收条件

除对脚手架的材料和构配件按要求检查验收外，对于搭设完成的脚手架，应在下列阶段进行检查与验收：

1）作业层上施加荷载前。

2）每搭设完 6～8m 高度后。

3）达到设计高度后。

4）遇有六级大风与大雨后；寒冷地区开冻后。

5）停用超过一个月。

2.脚手架验收程序

安全技术交底→班组自检、互检→专业工长过程控制→技术、安全、施工联合验收→监理验收确认→进行下道工序。

3.脚手架验收要求

1）脚手架搭设过程中，项目施工员、安全员应严格按经专家论证的方案，进行检查。在脚手架搭设完成后，由项目施工员、安全员、生产副经理、项目总工、项目经理及劳务作业班组共同对支撑体进行验收，验收合格挂牌标示。

2）脚手架应对立杆垂直度、间距、纵向水平杆的高差、横向水平杆的外伸长度、扣件与主节点的距离、扣件的拧紧力矩、剪刀撑的角度等进行检查验收。

3）安装后的扣件螺栓拧紧扭力矩应采用扭力扳手检查，抽样方法应按随机分布原则进行。

5.1.6　脚手架拆除方法及要求

1.脚手架拆除时间

外脚手架应随着外墙装饰自上而下进行拆除。

2.脚手架拆除步骤

拆架程序应遵守由上而下，先搭后拆的原则，即先拆脚手板、斜撑，而后拆小横杆、大横杆、拉结点、立杆等（一般的拆除顺序为安全网→栏杆→脚手板→剪刀撑→小横杆→大横杆→立杆）。

3.脚手架拆除要求

1）不准分立面拆架或在上下两步同时进行拆架。做到一步一清、一杆一清。拆除立杆时，要先抱住立杆再拆开最后两扣。拆除大横杆、斜撑时，先拆中间扣件，然后拖住中间，再解端头口。所有连墙杆必须随脚手架拆除同步下降，严禁将连墙件整层拆除后再拆脚手架，分段拆除高差不应大于 2 步，如大于 2 步，应增设连墙件加固。

2）拆除后架体的稳定性不被破坏，如附墙杆被拆除前，应加设临时支撑防止变形，拆除各标准节时，应防止失稳。

3）当脚手架拆至下部最后一根长钢管的高度时，应先在适当位置搭设临时抛撑进行加固，后拆连墙件。所有的脚手板，应自外向里竖立搬运，以防脚手板和垃圾物从高处坠落，拆下的零配件装入容器；拆下的钢管绑扎牢固，双点起吊，严禁从高空抛掷。

4）在拆除过程中，凡已松开连接的杆配件应及时拆除运走，避免误扶和误靠已松脱连接的杆件。拆下的杆配件应以安全的方式运出和吊下，严禁向下抛掷。

5）拆除过程中应作好配合协调动作，禁止单人进行拆除较重杆件等危险性作业。

5.2　模板方案设计

5.2.1　设计依据

1.《组合钢模板技术规范》GB 50214—2013。

2.《建筑施工模板安全技术规范》JGJ 162—2008。

3. 本工程建筑施工图和结构施工图。

4.《建设工程安全生产文明施工现场管理标准图集》2014 版。

5.2.2　设计软件

设计软件采用广联达 BIM 模板脚手架设计软件。

全新设计的模架做法设计工具将面板、构件、连接件等构配件，以一定的规则排布到结构构件的几何表面，创建特定的参数关系的构配件系统。增加扩展性，满足更多实际场景的需求。从模型获取到外脚手架，模板支架排布，再到出图，材料统计与安全计算，做到一个软件完整覆盖施工模板脚手架业务全流程。

本案例模板方案采用广联达 BIM 模板脚手架设计软件进行设计，如图 5-6 所示。

5.2.3　模板工程施工方案

1. 模板体系选择（见表 5-1）

模板体系选择表 表 5-1

部位	模板体系
主体结构	组合木模板
2 层、3 层部分区域	高支模体系

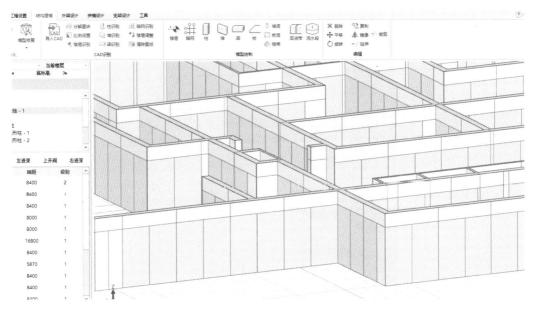

图 5-6　模板设计方案

模板施工要点详见表 5-2。

模板工程施工要点说明表　　　　　　　表 5-2

分项工程	节点名称	优选图片	控制要点
模板工程	临空墙（柱）防漏浆		临空墙（柱）的模板面板与次楞应从楼面起向下延伸 200mm，并在内模与楼面梁侧用 2mm 厚双面胶带封贴，见上图
	墙模第一道主楞位置		墙模第一道主楞（及对拉螺栓）离基底不应大于 150mm
	模板角加固		第一列对拉螺栓距阴角不大于 200mm，螺杆处必须设置内撑，加固力适当，严禁阴角模板咬肉

续表

分项工程	节点名称	优选图片	控制要点
模板工程	墙体端部堵头板对拉螺栓安装		为减少墙体平面尺寸偏差过大，墙体端部堵头板对拉螺栓安装方法：利用原剪力墙支模主龙骨钢管焊制短节钢管，然后采用对拉螺杆安装加固
	墙模板垂直度控制措施		内墙采用钢管对称斜撑，采用钢管支顶在预先埋设在混凝土楼板上的短钢筋头（或短钢管），斜撑间距 ≤ 2m，距墙（柱）边 ≤ 500mm
	墙模板根部防止漏浆		混凝土施工前墙模板根部缝隙采用 1：2 水泥砂浆填嵌严密
	小块模板的拼接方式		墙侧模拼接，小块模板必须放置在中部拼接，不允许在顶部或底部拼接
	剪力墙侧模保证墙厚尺寸的构造措施		墙表面采用内撑条，间距 ≤ 800mm。内撑条需绑扎固定到位

分项工程	节点名称	优选图片	控制要点
模板工程	模板缝隙防漏浆的措施		墙（柱）模板缝隙采用双面胶夹在两块模板之间封堵防止漏浆
	柱模加固方式		1. 柱模第一道主楞离基底不应大于 150mm。最下两箍间距不应大于 500mm，且需满足计算要求。 2. 混凝土施工前墙模板根部缝隙采用 1：2 水泥砂浆填嵌严密。 3. 柱模竖向次楞布置应贯穿整根柱长，在梁柱交接处不得断开，交接处梁净高 ≥ 600mm 时，柱头位置应加设对拉螺栓；方柱四角竖向次楞木应对称对顶
	角柱模板的加固		采用双向钢管斜撑，支顶在预先埋设在混凝土楼板上的短钢筋头（或短钢管）上
	下沉式卫生间楼板模板安装		为防止吊模踩踏变形，垫墩设置位置及间距要求： 1. 离转角处 10cm 每边均应设置 1 个垫墩。 2. 模板接缝处每边均应设置 1 个垫墩。 3. 中间每间距 1m 应设置 1 个垫墩
	楼板预留孔洞模板安装		为防止混凝土洒漏及便于吊模安装，吊模下口所有预留洞口均应设置盖板，盖板连同预留套管的高度应与该处板厚相等；洞口侧模制作时留设穿钢筋孔，洞口钢筋不断开
	楼板模板下木方及边立杆位置		楼板第一排立杆（边立杆）距墙柱 ≤ 400mm，木方距阴角 ≤ 150mm

分项工程	节点名称	优选图片	控制要点
模板工程	楼板模板木方间距及顶托旋出长度		楼板模板木枋间距 ≤ 300mm，立管顶托旋出长度 ≤ 200mm。 梁模板支架构造： 1. 立杆纵向和横向间距均不大于1200mm，且需满足计算要求，间距取1200mm和经计算得出的间距两者中的最小值。 2. 当梁截面在250mm×800mm及以下时，优先选用在梁两侧设置立杆的支撑模式，立杆纵向间距最大1200mm，且需满足计算要求；立杆横向间距宜为750mm。 3. 当梁截面为300mm×（700～1200）mm时，在梁两侧设置立杆的基础上再在梁底中心增设1根主承立杆，立杆纵向间距最大为600mm，且需满足计算要求；立杆横向间距不应大于550mm+550mm。 4. 当梁截面宽度为600mm及以上时，在梁两侧设置立杆的基础上，再在梁底沿梁宽的主承立杆不少于2根，并对称设置。 5. 板的立杆间距为沿梁纵向主承立杆间距的整数倍（以便水平杆拉通）。 6. 任何情况下，纵、横向水平杆步距不大于1.8m。 7. 位于梁底主承立杆必须采用可调顶托传力，最上一道水平杆至顶托托板面的距离不大于500mm，顶托螺杆伸出立杆钢管顶部不大于200mm。 8. 梁模板支架最上一道水平杆应向板底立杆双向延长不少于2个跨距并与立杆固定。 9. 纵、横向扫地杆设置在距底座上皮或楼面200mm处。 10. 梁底立杆沿梁长必须设置纵向竖向剪刀撑，剪刀撑斜杆底端应与楼地面顶紧。 11. 楼层边梁采用斜外立杆方式的，立杆上的每道水平拉杆应与楼板模板支架的立杆相连接至少三道立杆。 12. 高大模板支架构造要求：立杆纵向和横向间距均不大于1200mm，纵、横向水平杆步距不大于1.5m，立杆间距和水平杆步距尚需满足计算要求，立杆间距取1200mm和经计算得出的间距两者中的最小值，水平杆步距取1.5m和经计算得出的间距两者中的最小值；立杆接长必须采用对接扣件，不得采用搭接；纵、横向垂直剪刀撑间距不大于5m
	证梁宽尺寸的构造措施		梁表面采用内撑条，间距 ≤ 800mm，内撑条需绑扎固定到位

续表

分项工程	节点名称	优选图片	控制要点
模板工程	梁模板对拉螺杆安装		高度大于 700mm 的梁模板对拉螺杆安装构造：梁侧模就位后、平板加固前应采取措施控制梁截面宽度，高度大于 700mm 的梁中间设一排及以上对拉螺杆
	板模板支架立杆间距构造		楼板模板支架立杆间距、扫地杆及中间纵、横向水平杆构造： 1. 板模板支架立杆纵向和横向间距：均不大于 1200mm，且需满足计算要求，间距取 1200mm 和经计算得出的间距两者中的最小值。 2. 模板支架（扣件式）纵、横向扫地杆距楼面 ≤ 200mm,中间纵、横向水平杆步距 ≤ 1.8m
	后浇带承重模板支架安装		1. 梁、板后浇带采用独立的模板支撑体系，与相邻支架用短水平杆连接（模板支架拆除时拆除仅短水平杆即可）。 2. 梁、板后浇带与主体架体一起搭设，主体模板拆除时后浇带部分架体不拆，禁止在支模架拆除后重新设支撑
	楼梯梯板模板安装		楼梯临空侧卡口模板： 1. 梯板侧模采用定型带插口（以便与踏步竖向模板连接）木模。 2. 楼梯段侧模板安装采用侧模包底模的方法

2. 主体结构木模板

地下室及 1 ~ 6 层主体结构施工考虑采取先施工竖向结构再施工水平结构的形式，竖向结构模板以及梁板模板选择组合式木模板。

1）墙柱支模体系设计

地下室混凝土柱截面尺寸为 700mm × 700mm、600mm × 600mm、500mm × 500mm、800 × 800mm、700mm × 600mm 等，地下室墙体主要厚度为 250mm、300mm，由于墙柱模板所采用的模板体系相同，本次以截面 970mm × 1970mm 柱为例进行设计。柱模板设计说明见表 5-3。

柱模板支撑设计说明表　　　　　　　　　　　　　表 5-3

柱截面尺寸（mm）	柱模支撑设计
250×4500	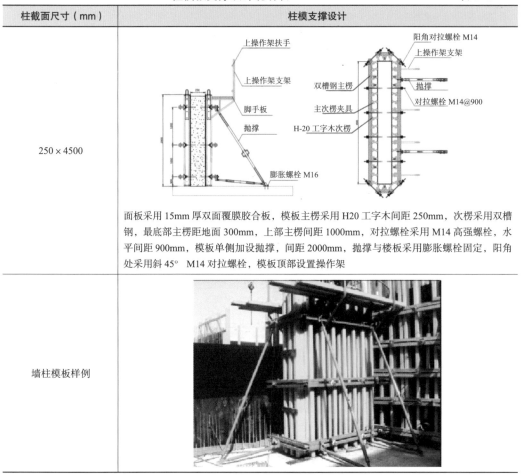面板采用 15mm 厚双面覆膜胶合板，模板主楞采用 H20 工字木间距 250mm，次楞采用双槽钢，最底部主楞距地面 300mm，上部主楞间距 1000mm，对拉螺栓采用 M14 高强螺栓，水平间距 900mm，模板单侧加设抛撑，间距 2000mm，抛撑与楼板采用膨胀螺栓固定，阳角处采用斜 45° M14 对拉螺栓，模板顶部设置操作架
墙柱模板样例	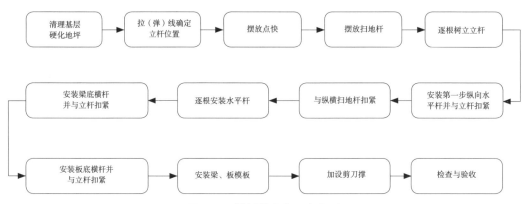

2）模板基本施工步骤

模板基本施工步骤如图 5-7 所示。

清理基层硬化地坪 → 拉（弹）线确定立杆位置 → 摆放点快 → 摆放扫地杆 → 逐根树立立杆

安装梁底横杆并与立杆扣紧 ← 逐根安装水平杆 ← 与纵横扫地杆扣紧 ← 安装第一步纵向水平杆并与立杆扣紧

安装板底横杆并与立杆扣紧 → 安装梁、板模板 → 加设剪刀撑 → 检查与验收

图 5-7　模板基本施工步骤图

3.模板拆除

梁、板底模及其支架拆除时的结构混凝土强度应符合表 5-4、表 5-5 要求。

梁、板底模及其支架拆除时的结构混凝土强度符合要求表　　　　表 5-4

构件类型	构件跨度（m）	达到混凝土设计抗压强度标准（%）
板	≤ 2	≥ 50
	> 2，≤ 8	≥ 75
	> 8	≥ 100
梁	≤ 8	≥ 75
	> 8	≥ 100
悬臂构件	—	≥ 100

拆侧模时间表　　　　表 5-5

序号	混凝土强度设计值	侧模拆除时间（25°）
1	≤ 30	16h
2	> 30	24h

模板拆除顺序如图 5-8 所示。

图 5-8　模板拆除顺序图

5.3　钢筋管理方案

钢筋工程管理是工程项目成本管理的重要组成部分，通过对钢筋工程的全过程管理，在保证施工进度、工程质量的同时合理降低钢筋工程成本，以提高项目经济效益，特制定以下管理方案。

1. 钢筋管理机构的建立（见图 5-9）

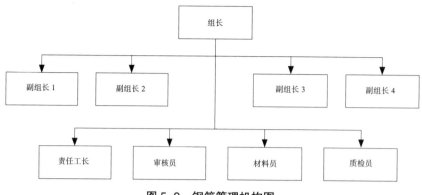

图 5-9　钢筋管理机构图

2. 钢筋管理机构人员岗位职责（表 5-6）

钢筋岗位职责表　　　　　　　　　　　　　　　　表 5-6

岗位	职责
组长	项目钢筋管理的第一责任人。将钢筋现场管理、技术创效两大指标分解到项目相关岗位，签订责任状，并在实施过程中督办到位
副组长 1	项目现场钢筋管理的第一责任人。负责对钢筋使用计划、进出场、加工制作、绑扎、验收等全过程监督与管理，严格控制钢筋用量及损耗，及时督办现场变更、签证
副组长 2	项目钢筋技术创效第一责任人。组织图纸会审内部评审会，组织编制钢筋施工专项方案及竣工图，优化施工图和设计变更单，监督和指导项目相关人员落实技术措施，参与钢筋专项成本分析，总结技术方案的经济性，参与审核钢筋翻样料单
副组长 3	物资管理第一责任人，全面负责钢筋计划、验收、发料、资料管理及盘点等事宜。编制物资管理手册，全面负责物资部的全部工作
副组长 4	及时汇总各部门提供的相关资料并牵头组织进行成本对比分析，负责钢筋工程分包结算，建立健全钢筋结算台账
责任工长	负责管理钢筋工程施工及验收全过程；控制钢筋施工质量，避免返工损失，在规范允许范围内做到节约用料；及时、准确开具限额领料单；分析本岗位范围内钢筋工程材料消耗控制节超原因并提供分析资料；协助本岗位范围内签证、索赔资料的办理；参与钢筋施工方案的编制和料单的审核；参与进场钢筋的验收；及时向钢筋翻样人员反馈现场钢筋施工状况
审核员	负责施工队钢筋翻样及下料单审核，严格把控钢筋下料情况，审核不过，施工队不得加工原材
材料员	严把钢筋进离场数量验收关，验收时材料员、施工队材料员、责任工长等当场共同参与验收程序并签字，严格按公司规定进行钢筋进出场管理；建立健全钢筋收发、领用数量及金额台账；按月编制钢筋的需用量计划和月耗报表；根据分包钢筋翻样员、商务经理提供的工料分析制定钢筋材料费控制目标，严格执行限额领料；配合物资部门定期对库存钢筋进行盘点并做好盘点记录，及时将材料库存和耗用情况与钢筋翻样员核对
质检员	监督钢筋施工质量，严格按钢筋专项施工方案监督施工，特别是在控制钢筋间距、接头等，在保证施工质量的前提下降低成本；严格控制钢筋施工质量，杜绝因质量事故和质量偏差引起的额外支出

3. 进场管理

（1）验收管理

钢筋进场后，由收料员、当值人员、责任工长、分包收料员共同进行材料验收。主要核对物资的品种、规格型号、随货相关证件等是否符合计划要求、是否齐全，外观有无明显质量问题及运输过程中是否损坏，是否满足国家有关环保和使用安全的要求。对于质量不合格、数量不对及未按要求进场的物资进行记录，及时与物资部沟通，并有权现场拒收。

（2）资料管理

原材验收完毕，现场收料员负责收集相关资料，报送资料室，协助资料室整理资料存档，对于有问题的资料，负责督促供应商补齐资料。同时，现场资料员负责通知实验员及时对进场原材进行取样。

（3）入库管理

针对现场钢筋场地及各家钢筋进场数量，收料员与责任工长合理安排原材入库。材料码放过程中，上述责任人必须全程在场，主要工作为指导物资合理入库，监督工人整齐码放原材，对卸载原材进行影像记录，配合物资部过磅称量。

4. 钢筋使用管理

（1）零星钢筋管理

钢筋进场，原则上原材零库存，其数量均按照责任工长计划直接发料给施工队伍用于工程实体内。期间若有零星钢筋需求，使用单位在责任工长的确认下向物资部提出物资申请，物资部根据现场物资储备情况合理调配，检查现场物资是否满足调用要求，审核通过后申请提交项目经理审批。施工队拿到项目经理审核表格后，由物资部及责任工长共同办理领料及退料手续。

（2）实体内钢筋管理

①下料前管理：

申请管理，钢筋加工前，施工队需要向责任工长提交钢筋使用申请，工长签字确认数量、型号后报项目副经理和总工签字，再报项目经理签字。

钢筋加工前，施工队技术人员上报钢筋翻样单，由项目部相关负责人审核通过并签字确认后方能加工。同时，做好收发资料记录。对于不报翻样单私自加工的单位，视情况处以一定数额的罚款。

②下料管理：

钢筋下料后台接到料单后，对钢筋型号、数量、规格、尺寸仔细核对，将同一规格钢筋根据不同长度长短搭配，统筹排料，先断长料，后断短料，减少料头，减少损耗。禁止长料短用，否则视情节严重程度给予一定的罚款。对下好的钢筋成品，按规格、型号、使用部位分类码放整齐，并挂好料牌，以免用错，同时要有防雨淋防水泡措施。不按要求施工视情节严重程度给予一定的罚款。钢筋下料后台与钢筋绑扎前台根据钢筋下料单严格执行领发料制度，未经专业工程师批准同意，不准随意加工、改料、发放。否则视情节严重程度给予一定的罚款，钢筋下料时由于工作马虎造成材料浪费的由相关施工队负责并进行一定的处罚。

③半成品及废料管理：

钢筋加工严格按照翻样单执行，严禁浪费。半成品合理归类整齐码放，废品钢筋合理归类码放。对于能回收利用的钢筋，坚决不得以废品处理，施工中用的马凳，一律用半成品加工。

④现场余料管理：

施工现场钢筋绑扎完毕，将现场剩余钢筋及时回收到钢筋下料后台，由钢筋下料后台分类整理。经专业工程师批准同意，方可进行改料加工。如下道工序已经开始施工，现场剩余钢筋还没有及时回收到钢筋下料后台，或未经专业工程师批准同意，就进行改料加工。视情节严重程度给予一定的罚款。

5. 钢筋盘点管理

每月 5 号由物资部组织材料员、工程部责任工长员和施工单位负责人员要对上月钢筋使用情况进行盘点。钢筋盘点时对原材、未领用的成型钢筋库存都要进行盘点，盘点采用现场数根数的方法。月中 18 号，再由商务经理组织一次盘点，并对盘点出来的结果进行分析比对，得出结果便于后期指导施工。

6. 废旧物资管理

废料的处理严格按照公司管理规定执行，具体程序为：物资部提交废旧物资处理申请表，在各方签字确认完毕之后启动招标程序。物资处理时候必须有材料员、责任工长、值班人员、分包材料员同时在场，由物资部负责做台账记录。

6

BIM 施工综合管理

6.1 BIM 5D 施工综合管理

我国建筑施工行业经历了持续多年的高速发展，技术水平特别是建筑信息化的发展水平也在不断提升，但建筑业整体管理水平相对落后的问题依然严重，工程管理过程中存在的发展方式粗放、能耗高、污染大、效率低等问题尤为突出，增强项目管理能力已成为施工企业亟待解决的事情。

所谓 BIM 5D 指的是在 BIM 三维模型数据的基础之上，增加了时间维度和资金（成本）维度，以 BIM 三维模型为载体，通过五维数据的相互作用，形成对项目质量、进度和成本的协同管理，将项目的工程信息和经营管理数据及时、准确、完整地呈现给业务部门领导以及集团决策层，方便领导层进行目标设定、过程管理、资源支持和风险监控。

目前国内使用较为广泛的 BIM 5D 平台其中就包含广联达 BIM 5D 平台。广联达 BIM5D 为工程项目提供一个可视化、可量化的协同管理平台。通过轻量化的 BIM 应用方案，达到减少施工变更、缩短工期、控制成本、提升质量的目的，同时为项目和企业提供数据支撑，实现项目精细化管理和企业集约化经营。

6.1.1 BIM 5D 平台的基本功能

1. 快速校核标的工程量清单

利用 BIM 模型提供的工程量快速测算或校核标的工程量，为商务投标标的提供参考。在投标前期对资金进行把控，加强对后期资金成本控制，方便后期资金流转。如图 6-1 所示。

2. 技术标可视化展示

施工企业利用 BIM 技术对施工组织设计中的关键施工方案、施工进度计划可视化动态模拟,直观呈现整体部署及配套资源的投入状态,充分展现施工组织设计的可行性。如图 6-2 所示。

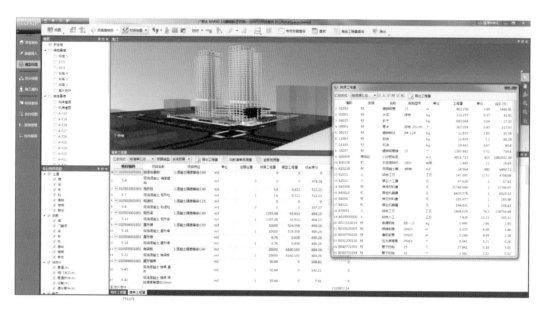

图 6-1 广联达 BIM 5D 平台软件操作页面示意图（工程量校核）

图 6-2 广联达 BIM 5D 平台软件操作页面（可视化展示）

3. 施工组织设计优化

在项目策划阶段,需要考虑总进度计划整体的劳务强度是否均衡,根据现场场地的不同情况，也要考虑场地的合理利用。广联达 BIM 5D 平台可对整个施工总进度进化校核，工程演示提前模拟，根据资源调配及技术方案划分施工流水段，实现整个工况、资源需求及物料控制的合理安排。同时利用曲线图，关注波峰波谷，对于施工计划从成本层面进行进一步校核，优化进度计划。如图 6-3 所示。

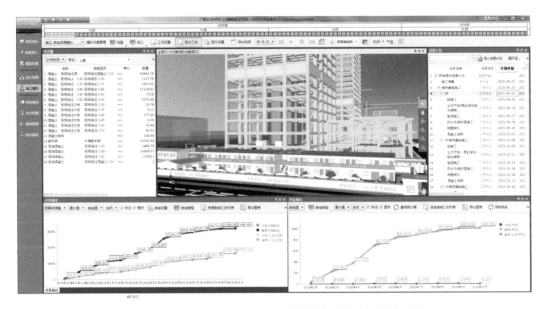

图6-3　广联达 BIM 5D 平台软件操作页面（资源分析）

4. 过程进度实时跟踪

每日任务完成情况自动分析，全面掌握施工进展，及时发现偏差，避免任务漏项，为保证施工工期提供数据支撑。现场管理人员可以通过手机端 APP，在施工现场对生产任务进行过程跟踪，将影响项目进度的问题通过云端及时反馈，供决策层实时决策、处理，保证进度按计划进行。利用 BIM 5D 进行多视口可视化动态模拟，将实际施工情况和计划进度通过模型进行进度复盘，分析进度偏差原因及时进行资源调配。最终实现管理留痕，精细化管理。如图 6-4 所示。

5. 预制化构件实时追踪

打破信息孤岛，随时随地掌握构件状态，提高多方沟通效率；自动统计完工量，准确了解施工进度偏差；实测实量自动预警，提高质量管控力度。通过手机端 APP 对装配式等预制构件进行跟踪，参建各方可以实时了解到当前预制件所处阶段，提前规避风险；并通过 PC 端进行进度偏差分析以及 Web 端进行完工工程量自动汇总统计，完成对预制件，从加工到施工吊装完毕整个流程的进度、成本、质量安全管理管理。如图 6-5 所示。

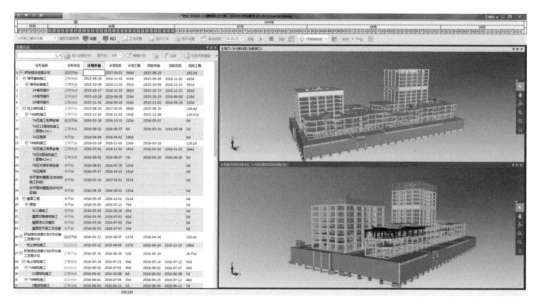

图 6-4　广联达 BIM 5D 平台软件操作页面（施工模拟）

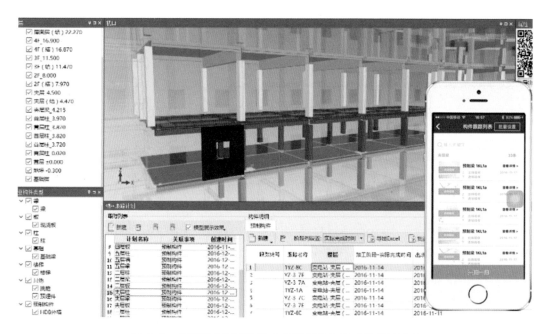

图 6-5　广联达 BIM 5D 平台软件操作页面（构件追踪）

6. 快速提取物资量

利用 BIM 5D 平台依据工作需要快速提量并对分包进行审核，避免繁琐的手算，提高工作效率。快速按照施工部位和施工时间以及进度计划等条件提取物资量，完成劳动力计划、物资投入计划的编制，并可支持工程部完成物资需用计划，物资部完成采购及进场计划。如图 6-6 所示。

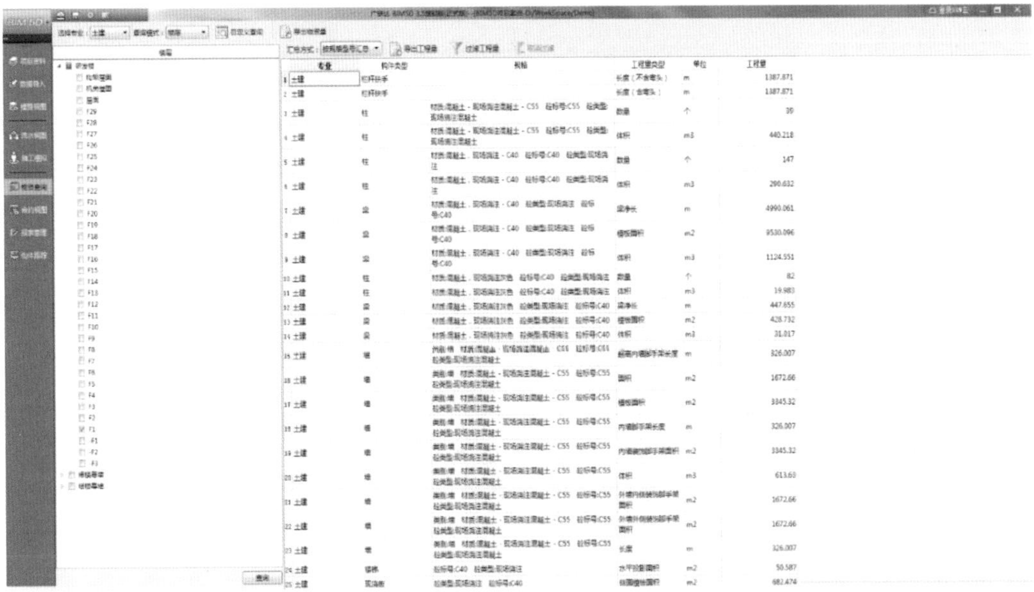

图 6-6　广联达 BIM 5D 平台软件操作页面（物资提取）

7. 质量安全实时监控

对岗位层级而言，提高岗位工作效率，方便问题记录、查询，对常见问题及风险源提前做到心中有数。对问题流程实现自动跟踪提醒，减少问题漏项，提高整改效率。自动输出销项单，整改通知单等，实现一次录入，多项成果输出，减少二次劳动。对管理层级而言，将常见质量问题、危险源推送现场，将管理要求落实到现场，提高管理力度。管理流程实现闭环，实现管理留痕，减少问题发生频度。所有数据自动分析沉淀为后期追责、对分包管理提供科学数据支撑。如图 6-7 所示。

图 6-7　广联达 BIM 5D 平台软件操作页面（质、安监控）

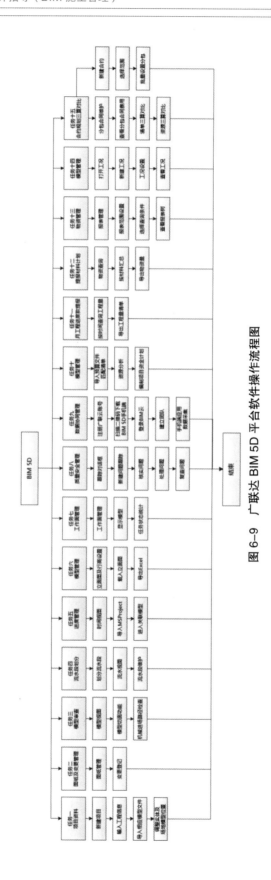

图 6-9　广联达 BIM 5D 平台软件操作流程图

8. 工艺、工法指导标准化作业

积累项目工艺数据，对每日任务提供具体工艺、工法指导，让技术交底工作落到实处，从而让施工有法可依，有据可查，串联各岗位工作。同时，提高交底文件编制效率，有效避免工艺漏项。利用手机端 APP 将工艺推送到现场，将交底内容与日常进度任务相结合，全面覆盖现场施工业务。如图 6-8 所示。

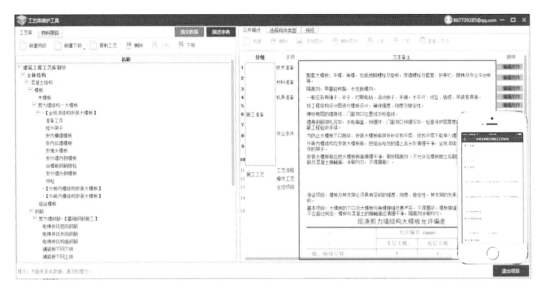

图 6-8　广联达 BIM 5D 平台软件操作页面（作业标准化）

9. 竣工交付输出三项成果

第一是交付竣工 BIM 模型，这将是未来竣工存档的一种必然方式；第二是对整个项目过程中的历史数据可追溯，领导层可查看项目过程中的各类信息；第三是过程中资金情况可实时反馈存档。

6.1.2　BIM 5D 平台的操作流程

广联达 BIM 5D 的操作流程如图 6-9 所示。

广联达 BIM 5D 平台一共提供 15 项任务操作，供使用者在不同的情况下选择使用。

1. 任务一：项目资料

在 BIM 应用过程中需要对项目进行基础数据录入及对多专业模型进行管理；根据项目的基本内容，在 BIM 系统中导入多专业模型并进行相应的基础数据录入。

项目资料中包含【项目概况、单体楼层、机电系统设置、模型导入、图纸录入、变更登记、施工单位】等基础数据，基于 BIM 系统应用时需对基本数据进行简单的录入。

2. 任务二：图纸及变更管理

图纸管理将为企事业单位搭建海量文档集中存储的平台，实现图纸文档的统一存储与共享。企业在运营过程中会产生大量的图纸，包括设计报告以及最终的设计成品、合同、表述等资料，而且对流程的要求非常高，对 ISO 质量文件、日常办公等各种文档需要全生命周期的管理。图纸的管理是一个复杂的流程，图纸类型多样，管理要求与成本很高。企业在管理图纸方面往往需要投入大量的管理成本。基于 BIM 技术，把图纸文件与相应的模型进行有效的关联，可对图纸进行系统的管理，有效地解决了图纸管理难的需求。

3. 任务三：模型审查

使用场景：业主方要求采用 BIM 技术进行项目管理，并提供了 BIM 模型，要求对建筑 BIM 模型进行审核，以确保高效的组织施工。项目主体结构工长为做好施工前的准备工作、修正图纸中的错误，将采用工程模型对项目组成员讲解工程概况，并对项目中较复杂的坡道、排水沟、积水坑等相关部位采用剖切的方式进行讲解。

4. 任务四：流水段划分

在组织流水施工时，通常把施工对象划分为劳动量相等或大致相等的若干个段，这些段称为施工段。每一个施工段在某一段时间内只供给一个施工过程使用。施工段可以是固定的，也可以是不固定的。在固定施工段的情况下，所有施工过程都采用同样的施工段，施工段的分界对所有施工过程来说都是固定不变的。在不固定施工段的情况下，对不同的施工过程分别地规定出一种施工段划分方法，施工段的分界对于不同的施工过程是不同的。固定的施工段便于组织流水施工，采用较广，而不固定的施工段则较少采用。在划分施工段时，应考虑以下几点：

1）施工段的分界同施工对象的结构界限（温度缝、沉降缝和建筑单元等）尽可能一致。

2）各施工段上所消耗的劳动量尽可能相近。

3）划分的段数不宜过多，以免使工期延长。

4）对各施工过程均应有足够的工作面。

为了方便协同工作，实现流水作业施工，项目组负责人可以在 BIM 5D 软件方案模拟模块中导入任务，按分区划分流水段后与相应任务项关联。

5. 任务五：进度管理

进度是项目管理中最重要的一个因素。进度管理就是为了保证项目按期完成、实现预期目标而提出的，它采用科学的方法确定项目的进度目标，编制进度计划和资源供应计划，进行进度控制，在与质量、费用目标相互协调的基础上实现工期目标。项目进度管理的最终目标通常体现在工期上，就是保证项目在预定工期内完成。

项目组负责人编制主体部分施工的进度计划，实现流水作业施工，可以在 BIM 5D 软件中的方案模拟模块导入任务，按分区划分流水段后与相应任务项关联，按要求设置关联关系，进行模拟，分析计划的可行性，调整计划。

6. 任务六：形象进度管理

工程的形象进度，一般指的是可以直观感觉到的进度。形象进度一般讲总体形象进度和分项工程形象进度，用图表表示，在图上标注分部分项工程，并实时更新涂色，以示工程完成情况。形象进度反映工程现在的完成情况，与施工组织设计中编制的计划进行比较，检查进度是超前还是滞后，以指导对后续工作的安排。

基于 BIM 系统，结合进度计划中反应的施工情况，形象的展示现场施工的形象进度；形象进度是领导及时掌握工程完成情况最直观有效的信息；工程形象进度是表明工程活动进度的主要指标之一，基于 BIM 系统简明扼要地反映工程实际达到的形象部位，借以表明该工程的总进度，形象进度可以更直观的显示工作面的工作情况。

7. 任务七：工作面管理

方便协同工作，实现流水作业施工，项目组负责人可以在 BIM 5D 软件方案模拟模块中导入任务，按分区划分流水段并将模型关联进度计划后，可进行相应的工作面管理。

8. 任务八：质量安全管理

质量安全管理是项目管理中的重要组成部分，QHSE 管理体系中的 QS（质量、安全）更是重中之重，故现场的质量、安全问题的采集以及及时反馈、处理很重要。工程项目管理中，质量安全责任人希望便捷采集现场质量安全问题，并实时快速反馈至相关处理责任人，通过 BIM 模型与现场质量、安全问题跟踪挂接，在过程中，问题处理参与方可以及时交换意见、留存记录，并且各方可实时关注问题状态，跟踪问题进展。

9. 任务九：数据管理协同

管理思路：

1）用手机拍照进行问题跟踪，照片与模型联动，增加信息量。

2）云端提供问题共享方案。

3）手机移动端 + 云端 +BIM 桌面端解决协同问题。

4）质量安全例会应用 BIM 桌面直观展现问题，数据辅助会议决策。

10. 任务十：成本管理

成本管理是企业管理的一个重要组成部分，它要求系统而全面、科学和合理，它对于促进增产节支、加强经济核算，改进企业管理、提高企业整体管理水平具有重大意义。

项目经理，需要了解项目各个关键时间节点的项目资金计划，分析工程进度资金投入计划，根据计划合理调整资源，保证工程顺利实施。采用 BIM 软件结合现场施工进度，快速提取项目的各时间节点的工程量及材料用量，资金计划以曲线表的形式进行展示，可以十分直观的反应项目的资金运作情况，进行资源分析，辅助编制项目资金计划。

11. 任务十一：月工程进度款提报

项目造价人员，每月要根据工程进度对业主方上报形象进度工程量，利用 BIM 5D 对每月的工程量及资金进行提取，通过模型计量的范围得到业主报量的预算范围，协助形象进度上报工作。

12. 任务十二：提报材料计划

项目的材料员，要根据项目的进度计划上报相应的材料计划，使用 BIM 5D 软件进行快速提取材料量进行上报。

13. 任务十三：物资管理

材料计划管理是指用计划来组织、指挥、监督、调节材料的订货、采购、运输、分配、供应、储备、使用等经济活动的管理工作。

按时间节点、进度节点、部位节点、分包单位提量工作量大，造成了物资精细化管理的难度。应用 BIM 系统多维查询功能，可按时间节点、进度节点、部位节点、分包提量，为商务预算、库存校核提供支撑，为客户精细化管理及时提供准确可靠的数据。

14. 任务十四：工况设置

编制人根据工程图纸、进度编制情况、人员配置情况、场地作业情况来预测工况，并分析工况合理性。

15. 任务十五：合约规划、三算对比

项目商务部要做商务策划，且定期不定期给上级进行损益分析；合约视图通过三算（合同收入、预算成本、实际成本）对比以清单和资源不同维度得出盈亏（收入 - 支出）和节超（预算 - 支出）值，帮助相关人员了解项目资金情况。

合约规划：是指项目目标成本确定后，对项目全生命周期内所发生的所有合同大类、金额进行预估，是实现成本控制的基础。合约规划也可以理解为以预估合同的方式对目标成本的分级，将目标成本控制科目上的金额分解为具体的合同。

三算对比：对比内容包括料、工、费的耗费、分包工程费、临建费、质量成本，这里的质量成本在责任成本中是未考虑的，制定内控成本时将它预提出来。这样，通过实际成本收入、预算收入与项目工地的目标支出成本相比较，目标支出成本低于预算收入的那部分成本耗费，直接纳入项目部目标计划利润，项目部以项目目标成本为目标组织施工，完工后实际发生的成本与目标成本的差额直接算作项目部的利润，归项目部自己支配，按照相应比例分配给项目各负责人作为奖励。

进行合约规划时,先按照任务 + 成本管理中,清单导入模块中的内容,把"成本预算"页签中的清单计价文件添加并进行相应的清单匹配工作。

6.1.3 工程案例 BIM 5D 分析

广联达 BIM 5D 平台功能多,在学生毕业设计阶段不可能把 BIM 5D 所有的功能都用上。我们在进行毕业设计的过程中,重点针对 6.1.1 中所列第 2、3、4 项功能进行了演练和实操,对比自己在施工组织设计文档中的设计报告,检查 BIM 5D 分析出来的结果与施工组织设计文档中是否存在矛盾之处,以便予以改正。

本工程计划安排工期 410 日历天,开工时间:2016 年 8 月 1 日,竣工时间:2017 年 9 月 14 日;工程内容包括土建工程、机电工程、安装工程及合同范围内的所有工作。根据 Project 计划工期,在 BIM 5D 中进行施工进行模拟,对资源和资金需求进行预测,同时利用 BIM 5D 进行了砌体施工排砖,以及材料二维码追踪,对施工进行全方位管控。

图 6-10 ~ 图 6-15 为利用 BIM 5D 软件进行施工模拟的过程截图,该视图分为三个主要区域,左上部分为可视化施工模拟动态展示区,右边窗口分为上下两部分,上部分为资金曲线,随着工程的推进,资金曲线不断变化;下部分为资源曲线,反映材料的投入随工程的变化而变化的情况。左边下方为项目任务区,显示的是当前正在模拟实施的工作包的信息,包括任务名称、状态、开始时间、计划完成时间等信息。

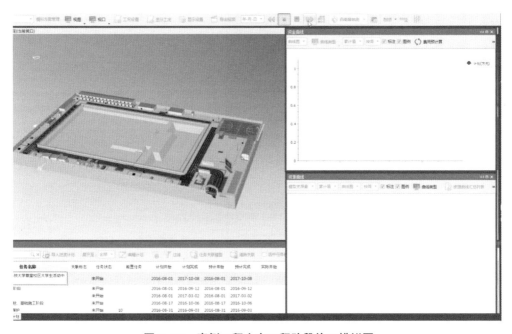

图 6-10　案例工程土方工程阶段施工模拟图

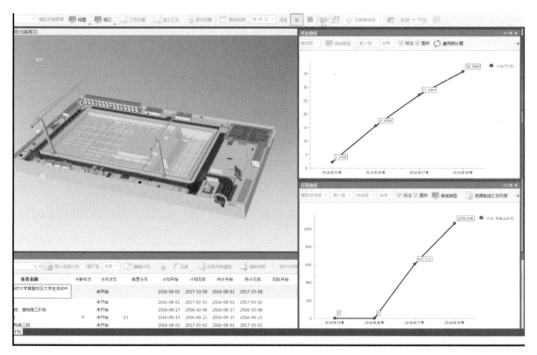

图 6-11　案例工程基础工程阶段施工模拟图

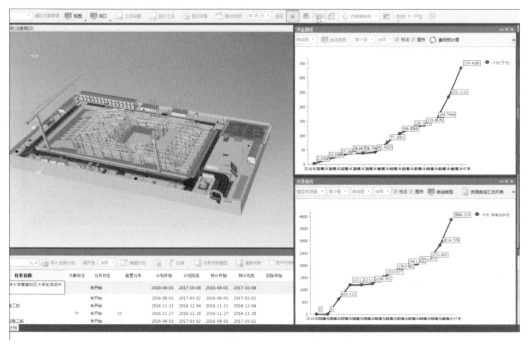

图 6-12　案例工程主体工程阶段施工模拟图（1）

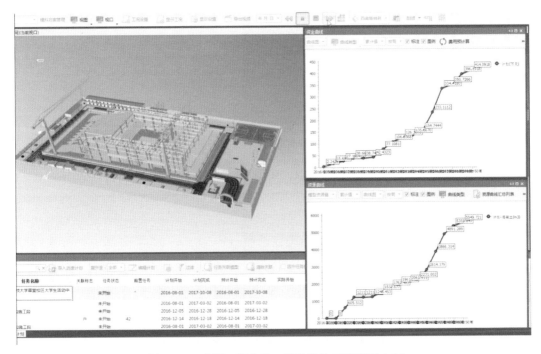

图 6-13　案例工程主体工程阶段施工模拟图（2）

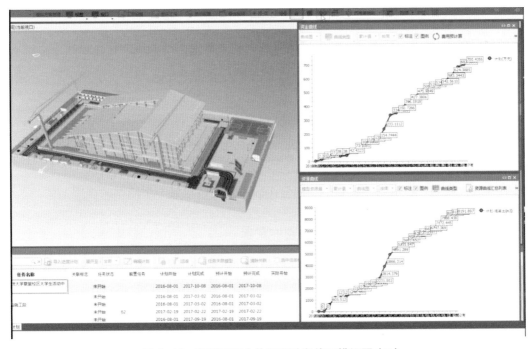

图 6-14　案例工程主体工程阶段施工模拟图（3）

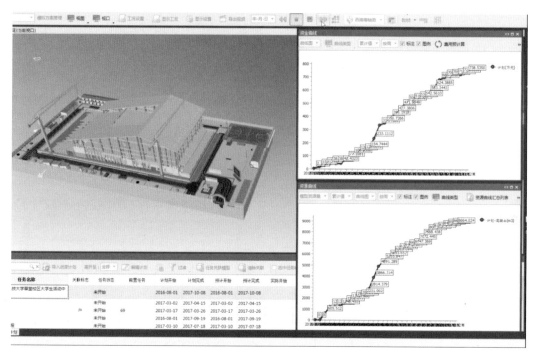

图 6-15　案例工程砌筑工程阶段施工模拟图

6.2　新技术应用介绍

虚拟现实（VR）技术目前在信息化应用中较为常见，已经成为信息化技术不可或缺的一种仿真表现方式。逼真的视觉效果、1∶1 的场景比例，利用头盔显示器，人们可以沉浸式方式移步虚拟场景之中，带来前所未有的视觉感受和全新体验。

实现虚拟现实（VR）虚拟场景，需要相应的软硬件的支持，其中硬件系统最为关键，是支撑虚拟场景所必需的物质载体，没有高配置的硬件支持，人们很难实现畅快的场景漫游，更无法支持沉浸式漫游。

本节，我们对在信息化技术中如何使用虚拟现实技术做一个简单的梳理。

6.2.1　虚拟现实（VR）应用的硬件要求

要实现虚拟现实（VR）应用，对计算机系统的硬件提出了较为严苛的要求，要使在虚拟场景中实现 25 帧 / 秒以上的屏幕刷新频率，必须使计算机拥有较为强健的计算核心硬件，包括 CPU、GPU、内存、显存。如果达不到 25 帧 / 秒的屏幕刷新频率的话，漫游时会出现明显的卡顿现象，沉浸式的漫游会使人产生眩晕的感觉。

1. 核心硬件配置

由于 BIM 模型的数据流比较大，尤其是土建模型 + 机电模型，因此在这种情况下，如果要实现顺畅的虚拟场景漫游，建议采用高端的硬件配置。这里我们给出了基于当前计算机硬件技术，高、中、低三种档次的硬件配置，读者可以根据自己的具体情况选择使用。见表 6-1。

硬件配置参考				表 6-1
配置档次	CPU 类型	内存容量	GPU 类型	显存容量
高档配置	Intel Core i7-7900X @ 3.30GHz 及以上 CPU	≥ 64GB	NVIDIA Quadro P5000 及以上显卡	≥ 16GB
中档配置	Intel Core i7-8700 @ 3.20GHz 及以上 CPU	≥ 32GB	NVIDIA Quadro P4000 及以上显卡	≥ 8GB
抵挡配置	Intel Core i7-5775C @ 3.30GHz 及以上 CPU	≥ 16GB	NVIDIA Quadro P2000 及以上显卡	≥ 5GB

由于显卡的差异，对计算机的电源的总功率也会带来一定的影响，这里就不再详述，建议高档配置计算机选择功率在 1000W（含）以上的电源供电。

2. 外设硬件要求

除了上述的计算机核心硬件意外，要实现沉浸式的虚拟场景漫游，还需要头盔显示器及其附属部件的支持。

当前国内外生产头盔显示器的厂家比较多，但全球最为著名的厂家为美国的 Oculus 公司及台湾的 HTC 公司。

其中 Oculus 公司的最新产品为 Oculus Rift CV1 Touch 套装 /GO，如图 6-16 所示。

图 6-16 Oculus Rift Go VR 头盔套装

HTC 公司的最新产品为 VIVE Pro 专业版，如图 6-17 所示。

图 6-17　HTC Vive Pro 专业版 VR 头盔

上述两种头盔显示器可以直接与计算机的显卡连接（通过 HDMI 线缆），用于实现沉浸式虚拟现实场景。

6.2.2　3D 引擎软件

要搭建虚拟现实（VR）场景，必须要 3D 引擎软件的支持。目前 BIM 技术中使用的较为普遍的是 AutoDesk 公司的 Navisworks 软件，但该软件也存在着比较明显的缺陷，那就是虚拟场景的渲染效果较其他的两款 3D 引擎软件差距较大。

从渲染效果来看，目前国际上主流的两款 3D 引擎软件为 Lumion 和 Unity 3D 两款软件系统。其中 Unity 3D 是目前游戏市场占据主流的一款 3D 引擎软件，是一个开放的 3D 引擎平台，具有丰富的第三方产品支持，包括配景、材质、虚拟场景、插件等，生态非常的完善，Lumion 是一个封闭的 3D 引擎软件，具有丰富的内置场景、配景、人物等。

另外，Unity 3D 软件系统可以与 Oculus Rift 以及 HTC Vive 实现无缝对接，不需要开发新的驱动程序，便可实现沉浸式 3D 漫游功能。Lumion 软件目前可以实现与 Oculus Rift GO 的连接，但与 HTC Vive 的连接笔者目前还没有见到官方正式报道。

有关 Lumion 及 Unity 3D 软件系统的详细介绍，并非本书的关键内容，我们这里只是提出了搭建虚拟场景可以选择的软件、硬件环境，详细的内容还需要读者参考相关软件的操作手册及文献，这里不再赘述。

利用本节所列的相关软件、硬件产品，配合上大屏幕显示器（或投影仪 + 幕布）便可以搭建一个基于 BIM 应用的虚拟场景，实现在虚拟场景中的漫游（包括沉浸式漫游）。

7

BIM 毕业设计成果及评价

7.1 毕业设计成果汇集

根据西安建筑科技大学毕业生毕业设计（论文）工作管理办法对毕业设计（论文）成果的要求和开发设计类毕业成果的特点，建筑信息化类毕业设计成果主要包括纸质版毕业设计成果和电子版毕业设计成果两大部分。

纸质版毕业设计成果主要包括基于 BIM 的毕业设计说明书一份，工程进度计划网络图 A1 图纸一张、现场施工平面图 A2 图纸一张和碰撞检查报告一份。其中，毕业设计说明书包括下列各部分:（1）封面;（2）毕业设计任务书;（3）设计总说明（设计类题目）;（4）英文设计总说明;（5）目录;（6）正文;（7）参考文献;（8）附录;（9）致谢。

电子版毕业设计成果主要以刻录光盘的形式体现，其内容主要包括基于 BIM 的毕业设计说明书电子文档一份，Revit 土建模型文件一份，Revit 或 MagiCAD 安装模型文件一份，GTJ2018 二合一算量模型文件一份，GBCB BIM 场布模型文件一份，BIM 模板脚手架模型文件一份，斑马·梦龙工程文件一份，Project 工程文件一份，Revit 施工模拟动画一部，BIM5D 虚拟建造动画一部，答辩 PPT 及其配套视频一套，以及各个模型不同视角的截图若干张。

毕业设计光盘刻录内容及保存格式表 表 7-1

文件	软件模型	提交内容	提交文件格式
模型文件	Revit 土建模型	模型文件（1 份）	.rvt/.dae/.fbx/.rar/.zip
		平面模型图片（1 张）	.jpg/.png
		立面模型图片（1 张）	.jpg/.png
		三维模型图片（1 张）	.jpg/.png

续表

文件	软件模型	提交内容	提交文件格式
模型文件	Revit 或 MagiCAD 安装模型	两个模型（一个水、一个电）	.dwg/.rvt/.dae/.fbx/.rar/.zip
		平面模型图片（一张水、一张电）	.jpg/.png
		立面模型图片（一张水、一张电）	.jpg/.png
		三维模型图片（3 张）	.jpg/.png
	GTJ2018 钢筋土建算量模型	模型文件（1 份）	.GTJ/.rar/.zip
		平面模型图片（1 张）	.jpg/.png
		立面模型图片（1 张）	.jpg/.png
		三维模型图片（3 张）	.jpg/.png
	GBCB BIM 场布模型	模型文件（3 份，三个阶段各一份）	.GBCB/.rar/.zip
		平面模型图片（1 张）	.jpg/.png
		三维模型图片（3 张）	.jpg/.png
	BIM 模板脚手架软件	模型文件（1 份）	.bjm/.rar/.zip
		节点详图（2 张）	.jpg/.png
		三维模型图片（2 张）	.jpg/.png
计划文件	斑马·梦龙网络计划	工程文件（1 份）	.zpet/.pet/.rar/.zip
		工程文件截图 - 双代号时标逻辑网络图（1 张）	.jpg/.png
		工程文件截图 - 横道图（1 张）	.jpg/.png
	Office Project	工程文件横道图（1 份）	.mpp/.rar/.zip
		工程文件截图 - 横道图（1 张）	.jpg/.png
视频文件	Revit 或其他 BIM 相关软件施工模拟动画	Revit 施工模拟动画 1 部（工艺工法方面）	1. 视频格式：.MP4/.avi/.flv 2. 大小、时长：150MB、5 分钟以内
	BIM5D 虚拟动画	5D 虚拟建造动画 1 部（基于 BIM5D 录制及优化）	1. 视频格式：.MP4/.avi/.flv 2. 大小、时长：150MB、5 分钟以内
	录屏（剪辑）软件 答辩 PPT 的配套视频（10 分钟以内）	1. 视频内容主要以模型漫游浏览展示为主，并附以对应内容讲解分析，不需要完全对应 PPT 进行讲解，思路架构符合要求即可。 2. 备注内容仅供参考，如有更多亮点内容，可扩展展示，前提不可超出 PPT 要求页数及时间限定要求	要求： 视频格式：.flv/.mp4 /.avi 大小、时长：200MB、10 分钟以内
虚拟场景文件	Lumion 或 Unity 3D	Lumion 或者 Unity 3D 项目文件	.spr,.sva/.dae,.fbx/.unity 3d packet

续表

文件	软件模型	提交内容	提交文件格式
PPT 文件	基于毕设项目案例编制过程的 PPT（20 页以内，PowerPoint 制作）	项目概况介绍（1～2 页） 团队分工介绍（1～2 页） 实施过程（14 页以内） 1）实施框架 2）各模块子项目实施成果及技术点 3）成果展示 收获感言（1～2 页）	要求： PowerPoint 制作，.pptx/.ppt 格式 大小、页数：15MB、20 张以内
设计说明书	基于 BIM 的毕业设计说明书	毕业设计说明书一份（完整版）	格式要求： 1. Microsoft Office Word 版 1 份； 2. PDF 格式一份

说明：每组同学提交 USB 接口 U 盘 1 个或光盘 1 张，将上述文件按照学生姓名分别建立子目录进行保存。目录格式要求如图 7-1 所示。

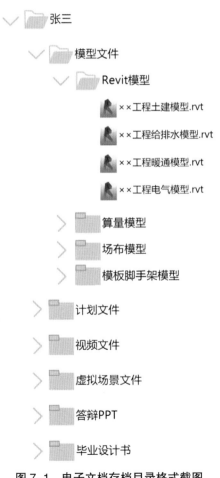

图 7-1　电子文档存档目录格式截图

答辩工作结束后，院（系）应及时将学生毕业设计的成果及相关材料归档，至少应将下列材料装入学校统一提供的"西安建筑科技大学毕业设计档案袋"中：

（1）设计说明书；

（2）毕业设计成绩评定表；

（3）毕业设计答辩记录；

（4）学生提交的 A1 和 A2 号图纸；

（5）刻录有学生电子版毕业设计成果的 U 盘或光盘。

7.2 本科增加毕业设计论文指导

根据西安建筑科技大学毕业生毕业设计（论文）工作管理办法对毕业设计（论文）教学任务的安排和落实，院（系）应在第七学期（四年制专业）或第九学期（五年制专业）成立院（系）毕业设计（论文）工作领导小组，安排和落实毕业设计（论文）教学任务，并于毕业设计（论文）开始前将院（系）批准的"西安建筑科技大学毕业设计（论文）教学任务汇总表"报教务处备案。

毕业设计（论文）的题目和任务书应由教研室组织相关教师论证、编写和审核。学生也可自选毕业设计（论文）题目，但应向院（系）提出书面申请，明确设计、研究、开发或创作的目的、内容、实施方案、进度安排和拟提交的成果及形式，其毕业设计（论文）的题目和任务书应由各系组织相关教师论证、编写和审核。

毕业设计任务的下放、布置和落实，由指导教师直接负责。指导教师组织自己的学生明确任务，熟悉图纸组织答疑，制定详细的实施方案，包括毕业设计进度计划的安排、阶段性成果的检查、软件的学习指导和后期的毕设辅导等事宜。

7.3 简述对于毕业设计成果的评价方法及标准

高等院校毕业设计是本科教学中最后一个重要的实践教学环节，不仅是对学生综合应用所学理论知识和技能的检验，也是对高校本科实践教学质量水平的检验。因此，在对高等院校毕业设计工作进行全过程、全方位监控的同时，坚持客观、公正、严格、统一的原则评价每个学生的毕业设计成果质量显得尤为重要。

建筑工程类毕业设计不同于其他学科专业，其特点是：通常以工程实际或模拟设计为主要研究内容；其主要成果形式并不局限于传统设计中的工程设计图纸、方案等，还包括利用 BIM 系列软件建立的参数化模型和虚拟演示，以及利用广联达 BIM5D 等各种平台软件进行的工程设计分析等。

鉴于此，我们将基于 BIM 的毕业设计分成毕业设计成果报告和毕业设计视频模型两部分进行评分，其中毕业设计成果报告以纸质版的形式存档，占分比例为 70%；毕业设计视频模型以刻录光盘的形式存档，占分比例 30%。具体的评价标准和评分方法如表 7-2 所示。

基于表 7-2 的评价标准和评分方法，学生毕业设计的最终成绩由指导教师、评阅教师、答辩小组的评定成绩综合确定。上述三项的评定成绩均应按百分制计，学生毕业设计的最终成绩可按 50%、20%、30% 的权重取上述三项评定成绩的加权平均值，并换算为五级分制的成绩，即优（90 ~ 100 分）、良（80 ~ 89 分）、中（70 ~ 79 分）、及格（60 ~ 69 分）或不及格（<60 分）。

毕设成果的评价标准和评价方法表　　　　表 7-2

序号	类别	项目		评价标准	评分标准	分值	存档形式
1	毕设成果报告（70%）	毕设选题		符合工程设计专业培养目标；满足专业教学对素质、能力和知识结构的要求；难易适中；工作量饱满	一项不满足扣 0.5 分，扣完为止	2	报告以纸质版的形式存档
2		工程案例		代表性强；结构齐全；体量合适；难度适中	一项不满足扣 1 分，扣完为止	2	
3		报告结构		顺序正确：封面；任务书；中英文设计总说明；目录；正文；参考文献；致谢；附录	缺一项扣 1 分，扣完为止；顺序错误扣 2 分	4	
4		格式规范	封面规范	格式正确；字体合规；颜色统一	一项不满足扣 1 分，扣完为止	2	
			任务书规范	格式正确；排版科学；日期、签名已签；内容完整；参考文献年限数量合规	一项不满足扣 1 分，扣完为止	2	
			正文规范	符合学校对毕设格式要求：页眉页脚；页码；字体、字号；行距；页边距；标点符号；单位、数字；图表、公式编号统一等	一项不满足扣 1 分，扣完为止	5	
5		报告内容		内容完整；逻辑严密；计算准确；术语专业；描述、计算与图纸、模型匹配	内容缺失扣 5 分；前后矛盾扣 3 分；计算有误扣 2 分；术语不当扣 2 分；内容与模型不匹配扣 3 分	15	
6		施工方案		方案完整科学；经济合理；技术可行；措施得当	方案缺失扣 5 分；工艺流程有误扣 4 分；方案或设备机械选择不经济扣 3 分；措施不完善扣 3 分	15	

续表

序号	类别	项目		评价标准	评分标准	分值	存档形式
7	毕设成果报告（70%）	成果图纸	双代号网络图（A1 纸质版）	逻辑正确；符合绘图规则；图幅、图例、图签规范统一正确；图面整洁等	逻辑错误扣 3 分；规则不符扣 2 分；其他每项缺失扣 1 分，扣完为止	7	报告以纸质版的形式存档
			现场施工平面图（A2 纸质版）	内容完整；比例协调；图幅、图例、图签规范统一正确；图面整洁；布局合理等	内容缺失一项扣 2 分，扣完为止；其他每项不合理扣 1 分，扣完为止	7	
8		优化成果		碰撞检查报告 1 份	纸质报告没有得零分；有则得 3 分	3	
9		PPT 文件		答辩 PPT 内容精简全面；主旨醒目；排版合理；颜色统一；时间合理	每项不合规定扣 1 分，扣完为止	4	
10		指标体系		劳动力指标、材料用量指标、机械利用率、经济指标等科学合理，符合常规	每项不合规定扣 1 分，扣完为止	2	
11	毕设视频模型（30%）	模型文件	Revit 土建模型	模型文件 1 份；平立面和三维图片各 1 张	模型文件 2 分；图片共 2 分，每少一张扣 1 分，扣完为止	4	视频模型以光盘形式存档
			Revit 或 Magicad 安装模型	模型文件 2 份（水和电）；平立面和三维图片各 2 张	模型文件与图片每少一张扣 1 分，扣完为止	3	
			GTJ2018 二合一算量模型	模型文件 1 份；平立面和三维图片各 1 张	模型文件 3 分；图片共 2 分，少一张扣 1 分，扣完为止	5	
			GBCBBIM 场布模型	模型文件 3 份（基础、主体、装修）；平面图 1 张；三维图片 3 张	模型文件与图片每少一张扣 1 分，扣完为止	3	
			BIM 模板脚手架软件	模型文件 1 份；节点详图 2 张（模板脚手架各 1 张）；三维图片 2 张	模型文件与图片每少一张扣 1 分，扣完为止	3	
12		计划文件	斑马·梦龙网络计划	ZPET 工程文件 1 份；时标网络截图 1 张；横道截图 1 张	工程文件或图片每少一份扣 1 分，扣完为止（含斑马·梦龙和 Project）	4	
			Office Project	MPP 工程文件 1 份；横道图截图 1 张			

续表

序号	类别	项目	评价标准	评分标准	分值	存档形式
13	毕设视频模型（30%）	视频文件	施工模拟漫游动画	5 分钟；过程完整；工艺正确	每错一项扣 2 分，扣完为止	3	视频模型以光盘形式存档
			BIM5D 虚拟建造动画	10 分钟；建造过程完整；有对应的资金资源变动过程；流水段、工艺流程、构件关系体现正确	每错或漏一项均扣 1 分，扣完为止	3	
			答辩 PPT 的配套视频	10 分钟；项目介绍；团队介绍；方案介绍；模型介绍，体现工具；细部展现等	每缺一项扣 1 分，扣完为止	2	
14		BIM 软件	Revit，Magicad，Navisworks，Lumion，Fuzor，Dynamo，Project，广联达 GTJ2018，广联达 GQI2017，广联达 BIM5D，广联达场布软件，斑马·梦龙软件，VR+AR，视频编辑软件等	软件使用超过 6 种以上，每多一项加 1 分。总加分不超过 5 分	附加 5 分	

7.4　毕业设计答辩

根据西安建筑科技大学毕业生毕业设计（论文）工作管理办法对毕业设计（论文）答辩的规定，院（系）应在答辩前成立各专业的答辩委员会，在各答辩委员会下设立一定数量的答辩小组，安排、落实和执行毕业设计答辩任务。

院（系）应在毕业设计答辩活动全面开展之前举行各专业的典型答辩，组织全体答辩教师和学生旁听，示范答辩的程序、方式和要求。

每位学生在答辩时应向答辩小组展示应提交的全部毕业设计成果，陈述设计的任务、主要过程和最终成果，并正面回答答辩教师的提问。

答辩教师应认真审核学生提交的全部毕业设计成果，听取学生的陈述，向学生提问，全面考查学生提交的成果以及学生的知识水平、实践能力和综合素质。

答辩小组应及时记录学生答辩的主要过程，在答辩结束后以集体方式客观、公正地评定学生的答辩成绩。

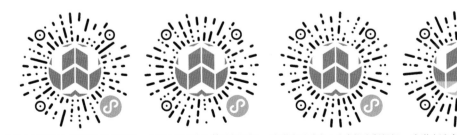

大学生活动中心 BIM5D 虚拟建造　　大学生活动中心答辩版视频　　大学生活动中心比赛提交版视频　　大学生活动中心答辩 PPT

8

BIM 毕业设计优秀案例展示

8.1 兖州金融中心项目 BIM 综合应用

（青岛理工大学 BIM 毕设案例展示）

8.1.1 工程案例简介

1. 工程概况及建设背景等

工程名称为兖州金融中心 4# 住宅楼，位于山东省济宁市兖州市新城区，北起文化西路，南至建设路，东、西向分别与扬州路与青州路相邻；建设单位为山东温暖之家置业有限公司，建筑面积为 8357.03m²，建筑总高度为 63.8m，建筑总层数为 20 层，地下两层。抗震设防烈度为 6 度（0.05g），结构类型为剪力墙结构，基础为筏板基础；设计使用年限为 50 年。剪力墙抗震等级为四级，建筑耐火等级为一级，地下室及地下车库为一级。

2. 图纸选取原则及获取途径

1）图纸选取原则：

（1）结构类型：框剪结构，具有应用广泛的特点，同时构件类型更加丰富。

（2）建筑面积：大于 5000m²，更能体现 BIM 全过程管理的优势。

（3）项目用途：住宅，更具有普适性。

（4）图纸齐全：包括建筑、结构及安装（给水排水和电气）部分。

2）获取途径：线下搜集。

8.1.2 团队成员分工及进度安排

1. 团队成员及分工

团队成员根据任务书内容进行分解，凭借自我能力与特长去完成相应的工作，使每一部分工作都能相对尽善尽美，发挥整体效能，提高工作效率。

指导老师：温晓慧。

团队成员：陈芊茹、程利坡、刘清华、宋亚群、邱欣然、侯雁泽。

第一阶段（3.15-4.16）：

土建算量 GCL：宋亚群 邱欣然；

BIM 场布 GCB：刘清华；

斑马·梦龙网络计划：刘清华；

OfficeProject：刘清华。

第二阶段（4.17-4.30）：

BIM 模板脚手架设计：程利坡；

Revit 建模：陈芊茹；

BIM 技术方案及实施保障措施：程利坡 侯雁泽；

BIM 5D：邱欣然。

第三阶段（5.01-5.15）：

录屏及视频：陈芊茹 程利坡 刘清华 宋亚群 邱欣然；

工艺功法视频：陈芊茹 邱欣然 程利坡 侯雁泽；

PPT 制作：刘清华。

2. 项目任务进度计划关键节点安排

1）第一阶段（3.15-4.16）

（1）基于 BIM 的模型设计及创建。

使用软件：GCL 土建算量软件。

（2）基于 BIM 的技术标编制。

使用软件：GCBBIM 场布软件、斑马·梦龙网络计划、Office Project。

2）第二阶段（4.17-4.30）

（1）基于 BIM 的技术标编制。

使用软件：BIM 模板脚手架软件、Revit 或其他 BIM 相关软件、Microsoft Word、Autodesk3dsMax。

（2）基于 BIM 的工程项目实践应用。

使用软件：BIM 5D。

3）第三阶段（5.01-5.15）

（1）图纸。

使用软件：CAD/PDF 查看及编辑软件。

（2）基于毕设项目案例编制过程的 PPT（20 页以内）。

使用软件：Microsoft Office。

（3）答辩 PPT 的配套视频 / 动画 1 部（10 分钟以内）。

使用软件：AdobePremire。

8.1.3　项目实施过程简介

1. 工程案例特点及难点分析

基于 BIM 招标阶段的钢筋工程量和土建工程量，完成基于 BIM 的投标阶段相关文件编制，包含以下部分：

1）基于 BIM 技术标编制：由 BIM 招标阶段完成的 BIM 招标文件以及工程项目 CAD 图纸，借助广联达施工组织设计编制相关软件（斑马·梦龙、广联达众然施工专项方案编制软件、广联达施工现场平面布置软件），完成 BIM 技术的编制。

（1）施工总进度计划编制：根据实际情况，通过广联达斑马·梦龙网络计划编制软件来编制案例工程项目双代号时标逻辑施工网络进度计划。其特有的双代号网络图模式，能在施工进度发生变化时方便管理人员及时进行调整，大大减少了当原有计划改变时对工程进度的影响。

由于本工程分左右两个单元，跨度 30m 比较大，因此采用划分流水段的方式进行施工。1-11/A-F 轴为一个施工段，11-22/A-F 轴为另一个施工段，通过施工段间的流水施工，我们将各层的施工段连接起来，成为一个整体的流水施工，大大缩短了施工工期，同时使得资源的利用率大大提高（见图 8-1）。

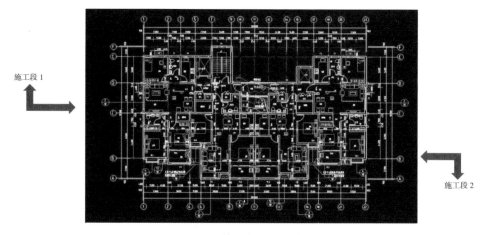

图 8-1　施工段划分示意图

（2）编制方案：每层分为两个流水段，按照楼层柱、墙、梁、板的施工顺序进行施工，根据各个项目的工程量进行人、材、机等资源的分配，实现资源的合理分配。

（3）施工现场平面布置图：通过广联达 BIM 施工现场布置软件，对兖州金融中心 4# 住宅楼的基础、主体和装饰三个施工阶段进行三维现场布置，如图 8-2、图 8-3 所示。

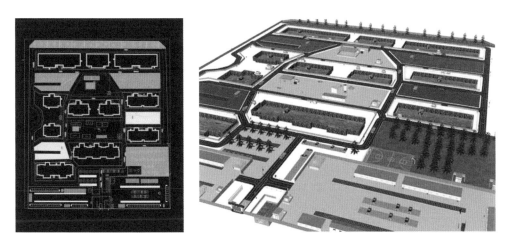

图 8-2　基于 BIM 的基础施工过程三维现场布置

①基础阶段：基础阶段的施工主要包括基坑的开挖，临时设施的建造以及场地绿化和施工准备所需要材料的准备，根据场地的范围进行合理的布置，符合建设的合理要求。

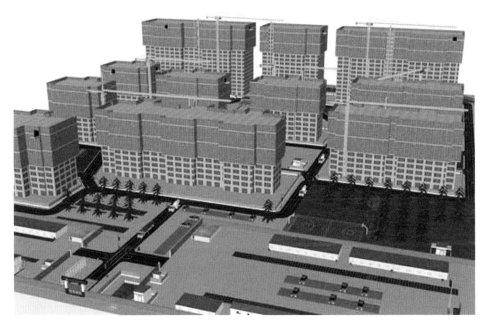

图 8-3　基于 BIM 的主体施工过程三维现场布置

②主体阶段：主体阶段的施工是在基础阶段的基础上进行楼层的整体施工，包括脚手架的搭设、钢筋与楼板的施工，合理规划施工顺序，根据建设的需要合理调配资源，主体周围设有消火栓，防火设施符合工程需要，场地设有三级配电，水电的铺设均符合施工要求。

2）基于 BIM 的商务标编制：根据 BIM 招标阶段完成的电子招标文件内容，结合招标工程量清单文件，通过广联达计价软件（GBQ4.0 / GCCP5.0），完成 BIM 投标报价文件的编制。

3）基于 BIM 的施工专项方案的编制：

根据本工程建筑总高度为 63.8m，1~10 层采用落地式双排脚手架和 10 层以上采用型钢悬挑脚手架，落地式双排脚手架搭设高度为 31m，其余为型钢悬挑脚手架（每六层悬挑），机房层采用落地式脚手架。通过广联达众然施工安全设施计算软件，完成 BIM 脚手架专项方案的编制。

经过分析得出，该工程采取了两种脚手架组合方式，室外标高至 24m 采取落地式双排脚手架，通过危险计算书可判断该分项工程需要做专项方案；其余是每六层用型钢悬挑式脚手架布置，不足六层的也采取其布置，通过危险判断书可以断定该分项工程不属于危险性较大的分项工程，所以不用作专项方案，同时，这种经济性的布置，可以提高脚手架的周转次数。

4）基于 BIM 的投标文件编制：依据 BIM 招标阶段完成的电子招标文件内容，结合编制完成的 BIM 技术标和 BIM 商务标，通过广联达电子投标文件编制工具软件，汇总整理并完成一份完整的电子投标文件，编制步骤具体如下：首先打开电子投标文件编制工具，选择招标文件，导入到广联达电子投标书文件编制软件，选择招标文件，导入到广联达电子投标书文件编制软件中，将商务标、技术标、资格审查及工程量清单完成后进行电子签章，生成电子投标文件。

2. 工程阶段性难点解决方案

技术标的编制体现在施工工艺的合理性，技术上的可行性；施工现场三维布置图向建设单位展现施工单位的安全文明施工；施工进度计划在项目部带领下，协调施工期限，资源期限周转。

（1）脚手架的制作过程：

脚手架的技术难点如图 8-4 所示。

（2）工艺功法视频技术点及实施过程：

首先在 Revit 中进行建模，将建好的模型导入 3ds MAX 中赋予灯光、材质、贴图，运用自由摄影机路径的方法，并使用 V-Ray 实现漫游动画的渲染，最终使用 Photoshop 和 Premier 进行视频封装出品。

此外，在 3ds MAX 中制作脚手架安装视频，首先在 3ds MAX 中建立脚手架碗扣式连接件模型，通过曲线编辑器制作摄影机路径，并控制关键帧实现脚手架的安装与拆卸，组成动画。

难点 1：渲染过程繁琐耗时，且阴影渲染容易出现锯齿等问题。

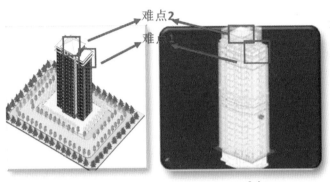

建筑总高度为 63.8m，
1～10 层采用落地式双排脚手架和 10 层以上采用型钢悬挑脚手架，落地式双排脚手架搭设高度为 31m，其余为型钢悬挑脚手架每六层悬挑，机房层采用落地式脚手架。
在施工过程中出现了两个技术难点

因 18 层楼顶板向外挑出，若 17 层与 18 层采用统一悬挑脚手架，会出现脚手架搭设不合理的问题，如果脚手架搭设高度过低，会缺少对上部施工作业人员的安全保障。

难点 2
在机房层若全部采用落地式脚手架，在开间一侧没有附着点

（a）

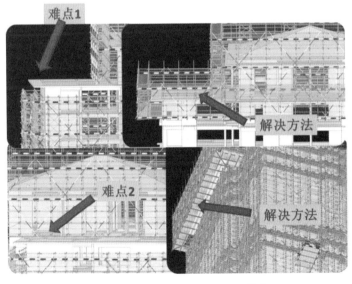

难点 1 解决方案
采用 18 层单设悬挑脚手架的方式。

难点 2 解决方案
在机房层开间一侧采用悬挑式脚手架，
在进深一侧采用落地式脚手架。

（b）

图 8-4 脚手架的技术难点及解决措施

解决方法：调试灯光以及材质的亮度，选择 V-Ray 渲染器进行渲染，渲染效果真实。

难点 2：脚手架动画的制作过程需要数学函数曲线的知识作为支撑，通过绘制 xyz 轴的曲线来规定物体的运动轨迹。

解决方法：运用了多种摄影机位移方法，如绘制迹线位移，同时配合调整摄像机的机位与视角的，达到良好的动画视觉效果。

3. 项目实施经验总结

（1）3ds MAX 脚手架动画制作的过程中，通过网络搜索得知需要数学函数曲线的知识作为支撑，通过绘制 xyz 轴的曲线来规定物体的运动轨迹，同时通过调整相机机位和视角、方向以达到良好的动画视觉效果。

（2）通过对构建逐个套清单繁琐耗时，通过进一步对软件的研究发现可以利用"做法刷"功能，选择需要套取清单的构件，高效快速地对构件进行清单套取。

（3）GCB 施工范围大，空地面积分散。通过对施工区分散布置，充分利用场地，使资源的利用效率大大提高。

（4）脚手架设计导入 GCL 模型时，导致脚手架按外轮廓线布置造成错误。需采用直接轮廓线，根据轮廓线识别布置脚手架，期间遇到奇数层有钢筋混凝土连系梁，导致布置时出现障碍，采取加大该处的纵向杆的间距，设置剪刀撑。

8.1.4　工程成果展示

1. 典型、关键成果展示

详见图 8-5 ~ 图 8-10。

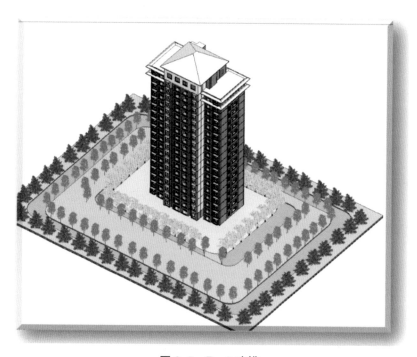

图 8-5　Revit 建模

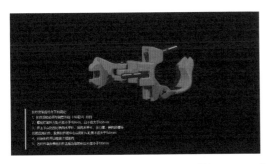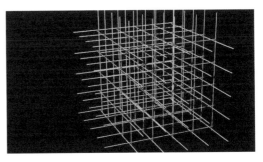

图 8-6 工艺功法视频截图

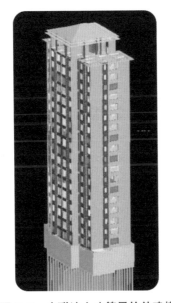

图 8-7 广联达土建算量软件建模

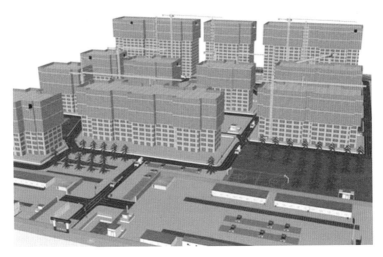

图 8-8 广联达场布施工现场三维布置图

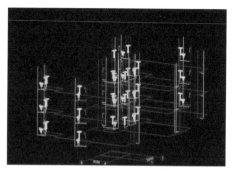

图 8-9　设备安装建模

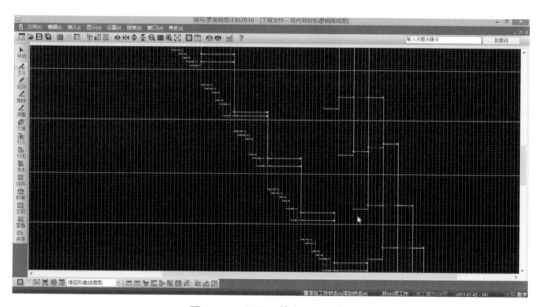

图 8-10　斑马·梦龙网络计划

2. 阶段关键解说视频

兖州金融中心项目阶段关键解说（1）　　兖州金融中心项目关键解说（2）　　兖州金融中心项目关键解说（3）

3. 核心成果展示视频

兖州金融中心项目核心成果展示（1）

兖州金融中心项目核心成果展示（2）

8.2　融利广场 BIM 技术应用

（山东城市建设职业学院 BIM 毕设案例展示）

8.2.1　工程案例简介

1. 工程概况

融利广场位于济南市市中区南辛庄西路后龙窝庄东侧，济南大学西侧。本工程总建筑面积 81007.43m²，地下建筑面积 20215.17m²，地上最高为 26 层，由五层裙房商业及其上的 A、B 两座 26 层公寓式办公组成。一至五层裙房的功能为商场，六至二十六层为办公，地下三层，主要是机械式停车库和部分电气、泵房、空调机房等设备用房，其中地下三层为人防工程。

2. 图纸选取原则及获取途径

为了使 BIM 技术始终服务于施工，图纸选取首先由指导老师联系施工企业选取多份正在建设的施工图纸，然后团队小组讨论，在多份图纸中选择体量较大、专业众多、BIM 技术应用能力强的图纸。

8.2.2　团队成员分工及进度安排

1. 团队成员及分工

团队之间分工明确，相互协作完成所有工作。具体分工如表 8-1。

团队分工表 表 8-1

团队成员	分工
孙庆霞	指导教师
王鹏	指导教师
秦壮	消防模型、安装工程量计价、BIM 主体场地布置
潘世豪	建筑模型、土建算量、斑马·梦龙施工进度
张舒涛	结构模型、安装算量、BIM 模板脚手架
泮振栋	给水排水模型、钢筋算量、土建钢筋工程量计价
延瑞伟	BIM 基础、装饰装修场地布置、BIM5D

2. 项目任务进度计划关键节点安排

在团队分工明确的基础上，按照《2018 年 BIM 毕业设计—G 模块评分模板》有计划地进行项目任务工作。各进度计划关键节点安排如下：

（1）模型建立：

模型建立是基础，也是完成后面任务的关键点之一。团队集中所有力量首先完成土建、机电模型，后期模型精度可达 LOD400。由于模型精度较高很快完成了项目施工投标报价的编制。

（2）施工组织设计：

对于施工组织设计中的各技术标，团队成员各司其职，独立完成了基础、主体、装饰装修 BIM 场地布置、模板脚手架设计、斑马·梦龙进度计划及安全文明施工方案的编制。

（3）Lumion 漫游动画及 BIM5D 施工过程管理：

团队由一人进行 Lumion 渲染漫游动画制作，其余成员整合各专业模型进行 BIM5D 的全过程施工管理，并对各专业模型进行完善。

（4）PPT 及成果视频制作：

PPT 和视频是体现项目成果最直接的方法，PPT 和视频的制作由团队相互讨论，在评分标准的基础上选择具有代表性、用 BIM 解决实际工程问题的阶段视频。

8.2.3 项目实施过程简介

1. 工程案例特点及难点分析

融利广场属于城中村改造项目，现场条件复杂，面临许多问题。

（1）工期紧，施工场地狭小，施工难度大。

（2）机电管线复杂，专业协同难度大。

（3）地下水量高，地下作业困难。

（4）施工现场部分工艺较为复杂，不利于技术交底。

2. 工程阶段性难点解决方案

1）独立桩基施工难点

由于地下水位高，桩基施工困难，从而桩基位置的确定及工程量尤为重要。利用
Revit 自带的明细表功能，根据桩基工程统计表，随时提取桩基所在的位置及工程量，
实现了由简单的二维图纸查找三维信息的转变，并以动画的方式对独立桩基施工工艺
进行了技术交底，降低桩基施工的难度（图 8-11 ~ 图 8-12）。

2）深化设计

（1）参数化模型：

利用 Revit 建族功能，对工程中出现的异形柱采用参数化建族的方法，使得模型
与原设计图纸要求一致（图 8-13）。

（2）幕墙深化设计：

项目中幕墙工程量大，对幕墙进行技术交底，采用点爪式连接点的方式，提高幕
墙的稳定性和可靠性（图 8-14）。

（3）机电模型深化设计：

在进行机电模型建立时 MagiCAD 有着自带的碰撞检查功能，能及时发现管道之
间的碰撞点。为确保模型的准确性，将整合的土建机电模型导入 Navisworks 进行碰撞
检查，导出碰撞检查报告，对原建筑模型进行优化，极大限度的降低了施工过程中返
工现象的发生（图 8-15、图 8-16）。

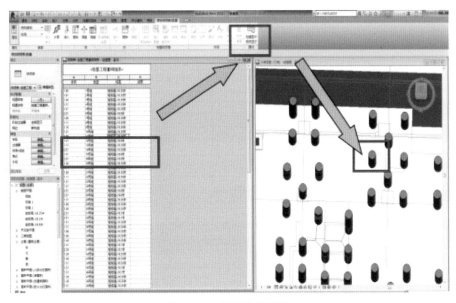

图 8-11　桩基位置提取

图 8-12　桩基施工工艺

图 8-13　参数化模型

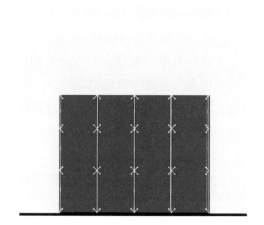

图 8-14　幕墙节点深化

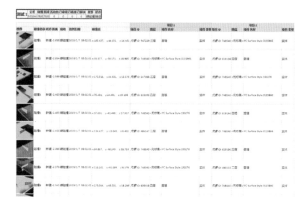

图 8-15　碰撞检查报告

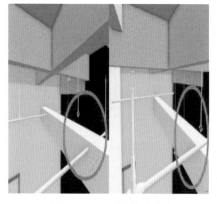

图 8-16　优化前后对比

3）施工现场难点

（1）塔式起重机半径模拟及电线杆防护。

塔式起重机安装位置是施工顺利实施的关键点，为保证塔式起重机安装点的合理性，利用无人机倾斜技术，用 ContextCapture 进行实景建模。根据实景模型，测量施工现场周边建筑物和其他设施的长度、高度，辅助决策。运用 MicroStation CONNECTEdition、AECOsim Building Designe 软件进行塔式起重机建模，模拟塔式起重机工作范围，确定塔式起重机的安装位置（图 8-17）。

在施工现场南北两侧各有一根高压电缆，在塔式起重机工作范围以内，必须进行防护，但因电缆有高压电，无法在现场测量其高度。根据实景模型，测量高压线的高度、长度。运用 MicroStation CONNECTEdition、AECOsim Building Designer 软件将施工现场的两个高压电缆进行了防护设计，设计在实景模型和二维环境进行，为施工提高了效率（图 8-18）。

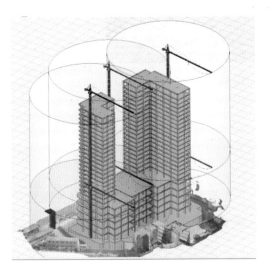

图 8-17　塔式起重机半径模拟

图 8-18　电线杆防护

（2）场地布置施工。

现场东侧铺设 10.5m 宽的道路，其中材料堆放场地和加工区占用 5.2m 左右的宽度，剩下的 4.3m 为临时车辆材料运输道路。通过搅拌站车辆信息的调取，其中车辆最宽的为 3m 多，经过提前策划模拟，本道路适合大型车辆的进出（图 8-19）。

3. 项目实施经验总结

通过本项目 BIM 技术的应用，团队成员在 BIM 运用能力方面得到了提升，同时也深刻认识到 BIM 技术潜在的巨大能量依旧没有完全发挥出来，BIM 技术是一项从设计之初到交付使用全过程的全寿命周期的应用，因此在今后的学习工作中还需不断探索，不断创新，真正展示 BIM 的价值。

图 8-19　场地策划

8.2.4　工程成果展示

1. 纸版

1）模型绘制

分别用 Revit 和 MagiCAD 完成土建模型、机电模型，通过建模发现大量图纸设计不合理的问题，基于 BIM 的三维可视化及时发现平面布置中存在的问题，避免施工过程中返工现象的发生（图 8-20、图 8-21）。

2）工程投标报价编制

（1）土建钢筋算量。

利用广联达钢筋算量，钢筋输入必须是绘图输入与单构件输入相结合。根据现场的钢筋使用情况进行及时的数据更新，以达到尽可能的准确算量。采用 GFC 插件将 Revit 模型直接导入土建算量软件中，进行土建算量，大大提高了算量的效率（图 8-22、图 8-23）。

（2）安装算量。

在用 MagiCAD 导入广联达 GQI2017 时由于缺少 MagiCAD Eletricl 插件，采用软件一键识别辅助建模，再对照图纸进行错误构件的改正，然后汇总工程量，导出报表（图 8-24）。

图 8-20　土建模型

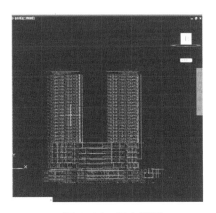

图 8-21　机电模型

序号	编码	项目名称	单位	工程量	工程量明细	
					绘图输入	表格输入
1	010202001001	地下连续墙	m3	3500.6083	3500.6083	0
	5-1-24	C30现浇混凝土 地下室墙	10m3	350.0608	350.0608	0
	17-1-7	双排外钢管脚手架≤6m	10m2	0	0	0
2	010301001001	预制钢筋混凝土方桩	m	28	28	0
3	010302001001	泥浆护壁成孔灌注桩	m	231	231	0
4	010401003001	实心砖墙	m3	35.431	35.431	0
	4-1-19	M5.0混合砂浆空心砖墙 厚365mm	10m3	3.5431	3.5431	0
	17-2-4	双排里脚手架≤6m	10m2	0	0	0
5	010401005001	空心砖墙	m3	9.4133	9.4133	0
	4-1-14	M5.0混合砂浆多孔砖墙 厚290mm	10m3	0.9413	0.9413	0
	17-1-7	双排外钢管脚手架≤6m	10m2	0	0	0
6	010401005002	空心砖墙	m3	38.811	38.811	0
	4-1-11	M5.0混合砂浆多孔砖墙 厚115mm	10m3	3.8811	3.8811	0
	17-2-8	双排里钢管脚手架≤6m	10m2	0	0	0
7	010401005003	空心砖墙	m3	881.8848	881.8848	0
	4-1-12	M5.0混合砂浆多孔砖墙 厚190mm	10m3	88.1885	88.1885	0
	17-2-8	双排里钢管脚手架≤6m	10m2	0	0	0
8	010401005004	空心砖墙	m3	17.0432	17.0432	0
	4-1-14	M5.0混合砂浆多孔砖墙 厚290mm	10m3	1.7043	1.7043	0
	17-2-8	双排里钢管脚手架≤6m	10m2	0	0	0
9	010502001001	矩形柱	m3	5695.4561	5695.4561	0
	5-2-1	C30预制混凝土 矩形柱	10m3	569.5456	569.5456	0
	18-1-36	矩形柱复合木模板钢支撑	10m2	2021.3289	2021.3289	0
10	010505001001	有梁板	m3	18988.6538	18988.6538	0
	18-1-92	有梁板复合木模板钢支撑	10m2	6124.0051	6124.0051	0
11	010506001001	直形楼梯	m2	1486.5334	1486.5334	0
	5-1-40	C30有斜梁直形楼梯 板厚100mm	10m2	148.6533	148.6533	0
	18-1-110	楼梯直形木模板木支撑	10m2	267.6523	267.6523	0
12	010802003001	钢质防火门	樘	109.67	109.67	0
	8-2-7	钢质防火门	10m2	10.967	10.967	0
13	010803002001	防火卷帘(闸)门	樘	120.48	120.48	0
	8-3-3	卷帘门安装电动装置	套	0	0	0
14	011204003001	块料墙面	m2	141820.617	141820.617	0
	12-2-33	水泥砂浆粘贴瓷质外墙砖150X75 灰缝≤5mm	10m2	14182.0617	14182.0617	

图 8-22　土建工程量汇总表

构件类型	合计	级别	6	8	10	12	14	16	18	20	22	25
柱	274.925	Φ			162.258					80.178	32.49	
暗柱\端柱	1.022	Φ			0.118						0.699	0.205
墙	5.252	Φ	5.252									
	559.567	Φ				559.567						
梁	0.912	Φ	0.349	0.564								
	176.72	Φ		5.071	70.108	6.837	0.04	0.595	0.2	29.782		64.086
	76.875	Φ^R	6.192	2.203	68.481							
现浇板	15.416	Φ	15.416									
	114.615	Φ				114.615						
	160.771	Φ	81.356	78.906	0.509							
	0.092	Φ^R	0.092									
独立基础	3.468	Φ				3.468						
桩承台	64.325	Φ				64.325						
	21.58	Φ	21.016	0.564								
合计	674.182	Φ				674.182						
	681.231	Φ	81.356	83.978	232.994	74.63	0.04	0.595	0.2	109.96	33.188	64.291
	76.968	Φ^R	6.284	2.203	68.481							

图 8-23　钢筋工程量汇总表

107	ZC1-464	钢制槽式桥架宽+高600mm以下		10m	0.008
108	030411003006	桥架	1. 规格：300*100 2. 材质：钢制桥架	m	557.970
109	ZC1-464	钢制槽式桥架宽+高600mm以下		10m	55.672
110	030411003004	桥架	1. 规格：300*200 2. 材质：钢制桥架	m	70.327
111	ZC1-464	钢制槽式桥架宽+高600mm以下		10m	7.033
112	030411003003	桥架	1. 规格：300*150 2. 材质：钢制桥架	m	304.644
113	ZC1-464	钢制槽式桥架宽+高600mm以下		10m	30.464
114	030411001002	配管	1. 材质：硬质聚氯乙烯管 2. 规格：20	m	64912.051
115	030411001001	配管	1. 材质：硬质聚氯乙烯管 2. 规格：20 3. 配置形式：暗敷	m	1512.674
116	030411002001	线槽	1. 材质：难燃PVC电线线槽 2. 规格：100*70	m	1398.181
117	030412004010	装饰灯	1. 名称：蓄光型消防控制室标志 2. 型号：220V 36W	套	1.000
118	ZC1-991	标志、诱导装饰灯具吊杆式 171、172、173、174		10套	0.100
119	030412001006	应急灯	1. 名称：应急壁灯 2. 型号：220V 36W 3. 类型：应急壁灯	套	63.000
120	ZC1-934	一般壁灯		10套	3.900
121	030412001007	普通灯具	1. 名称：应急壁灯-1 2. 型号：220V 36W 3. 类型：应急壁灯	套	108.000
122	ZC1-934	一般壁灯		10套	10.800
123	030412004006	装饰灯	1. 名称：蓄光型安全出口标志 2. 型号：220V 36W	套	145.000
124	ZC1-990	标志、诱导装饰灯具吸顶 171、172、173、174		10套	0.200
125	030412004007	应急灯	1. 名称：蓄光型安全出口标志-1 2. 型号：220V 36W	套	86.000
126	030412004009	装饰灯	1. 名称：蓄光型楼层指示标志-1 2. 型号：220V 36W	套	84.000
127	ZC1-990	标志、诱导装饰灯具吸顶灯 171、172、173、174		10套	8.400
128	030412004008	应急灯	1. 名称：蓄光型楼层指示标志 2. 型号：220V 36W	套	1.000
129	ZC1-990	标志、诱导装饰灯具吸顶灯 171、172、173、174			

图 8-24　安装工程量汇总表

（3）计量计价。

将 GCL 土建算量文件、GGJ 钢筋算量文件和 GQI 安装算量文件导入广联达计量计价软件中，依据山东省 2013 清单定额进行工程的计量计价和招投标文件的编制（图 8-25 ~图 8-27）。

造价分析 | 工程概况 | 分部分项 | 措施项目 | 其他项目 | 人材机汇总 | 费用汇总

措施模板：民用安装工程

	序号	类别	名称	项目特征	单位	工程量	计算基数	费率(%)	综合单价	综合合价	单价	管理费单价	利润单价	单价构成文件	取费专业	锁定综合单价
	−		措施项目							1161938.08						
	− 1		总价措施项目							1161938.08					民用安装工程	
1	031302002001		夜间施工费		项	1	SRGF	2.5	357693.52	357693.52		68547.54	39882.2	夜间施工费(民用安装		
2	031302004001		二次搬运费		项	1	SRGF	2.1	282246.35	282246.35		46063.94	26800.84	二次搬运费(民用安装		
3	031302005001		冬雨季施工增加费		项	1	SRGF	2.8	376328.46	376328.46		61418.59	35734.45	冬雨季施工增加费(民		
4	031302006001		已完工程及设备保护费		项	1	SRGF	1.2	145669.75	145669.75		16451.41	9571.73	已完工程(民用安装工		
	− 2		单价措施项目							0					民用安装工程	
5	−		自动提示：请输入子目简称			1			0	0		0	0	民用安装工程		☐
		定	自动提示：请输入子目简称			0			0	0	0	0	0	[民用安装工程]		

图 8-25 措施汇总表

造价分析 | 工程概况 | 分部分项 | 措施项目 | 其他项目 | 人材机汇总 | 费用汇总

不含税市场价合计：12633595.19 价差合计：0.00

	编码	类别	名称	规格型号	单位	数量	不含税省单价	不含税山东省价	不含税市场价	含税市场价	税率(%)	不含税市场价合计	含税市场价合计	供货方式	甲供数量	价差	价差合计	市场价锁定	输出标记
1	00010030	人	综合工日(安装)		工日	96801.1655	103	103	103	103	0	9970522.12	9970522.12	自行采购	0	0	0	☐	☑
2	RGFTZ	人	人工费调整		元	-11.62	1	1	1	1	0	-11.62	-11.62	自行采购	0	0	0	☐	☑
3	01000003	材	型钢	(综合)	kg	2133.858	2.5	2.5	2.5	2.93	17	5334.65	6252.2	自行采购	0	0	0	☐	☑
4	01030025	材	镀锌低碳钢丝	8#	kg	1177.1568	6.98	6.98	6.98	8.17	17	8216.55	9617.37	自行采购	0	0	0	☐	☑
5	01030031	材	镀锌低碳钢丝	8#~12#	kg	71.94543	7.86	7.86	7.86	9.2	17	565.49	661.9	自行采购	0	0	0	☐	☑
6	01030033	材	镀锌低碳钢丝	10#~12#	kg	1.31224	7.86	7.86	7.86	9.2	17	10.31	12.07	自行采购	0	0	0	☐	☑
7	01030043	材	镀锌低碳钢丝	14#~16#	kg	5304.1634	6.4	6.4	6.4	7.49	17	33946.65	39728.18	自行采购	0	0	0	☐	☑
8	01030051	材	镀锌低碳钢丝	18#~22#	kg	240.18	8.37	8.37	8.37	9.79	17	2010.31	2351.36	自行采购	0	0	0	☐	☑
9	01030081	材	镀锌低碳钢丝	φ2.8~4.0	kg	1014.79497	7.86	7.86	7.86	9.2	17	7976.29	9336.11	自行采购	0	0	0	☐	☑
10	01050005	材	钢丝绳	φ5	kg	4417.5024	4.27	4.27	4.27	5	17	18862.74	22087.51	自行采购	0	0	0	☐	☑
11	01130029	材	镀锌扁钢	-25×4	kg	19.5	3.29	3.29	3.29	3.85	17	64.16	75.08	自行采购	0	0	0	☐	☑
12	01130033	材	镀锌扁钢	-40×4	kg	1812.8172	3.29	3.29	3.29	3.85	17	5964.17	6979.35	自行采购	0	0	0	☐	☑
13	01290007	材	钢板	(综合)	kg	1201.59	3.48	3.48	3.48	4.07	17	4181.53	4890.47	自行采购	0	0	0	☐	☑
14	01290067	材	中厚钢板	＜δ15	kg	41.559	3.33	3.33	3.33	3.9	17	138.39	162.08	自行采购	0	0	0	☐	☑
15	01290107	材	镀锌钢板	(综合)	kg	6.682	3.79	3.79	3.79	4.43	17	25.32	29.6	自行采购	0	0	0	☐	☑
16	01290183	材	热轧厚钢板	δ8.0~15.0	kg	834.52165	3.02	3.02	3.02	3.53	17	2520.26	2945.86	自行采购	0	0	0	☐	☑
17	01290237	材	钢垫板	δ1~2	kg	229.5	4.19	4.19	4.19	4.9	17	961.61	1124.55	自行采购	0	0	0	☐	☑
18	01350001	材	紫铜板	(综合)	kg	2.665	58.97	58.97	58.97	68.99	17	157.16	183.86	自行采购	0	0	0	☐	☑
19	01430005	材	铝包带	1×10	m	3350	0.31	0.31	0.31	0.36	17	1038.5	1206	自行采购	0	0	0	☐	☑
20	01530019	材	封铅	(含铅65%、锡35	kg	1228.617	22.22	22.22	22.22	26	17	27299.87	31944.04	自行采购	0	0	0	☐	☑
21	02010007	材	橡胶板	δ1~3	kg	139.08835	9.4	9.4	9.4	11	17	1307.43	1529.97	自行采购	0	0	0	☐	☑
22	02010017	材	橡胶板	δ5~10	kg	8.008	11.11	11.11	11.11	13	17	88.97	104.1	自行采购	0	0	0	☐	☑
23	02070015	材	橡胶垫	δ2	m2	1.339	30.6	30.6	30.6	35.8	17	40.97	47.94	自行采购	0	0	0	☐	☑
24	02090007	材	聚氯乙烯薄膜		kg	3	13.58	13.58	13.58	15.89	17	40.74	47.67	自行采购	0	0	0	☐	☑
25	02090009	材	聚氯乙烯薄膜		m2	26.702	1.37	1.37	1.37	1.6	17	36.58	42.72	自行采购	0	0	0	☐	☑
26	02090023	材	塑料布聚乙烯	0.05	m2	45	1.97	1.97	1.97	2.3	17	88.65	103.5	自行采购	0	0	0	☐	☑
27	02130013	材	塑料带	20mm×40m	卷	609.04	11.54	11.54	11.54	13.5	17	7028.32	8222.04	自行采购	0	0	0	☐	☑
28	02190037	材	塑料胀塞	φ6~8	个	575571.892	0.06	0.06	0.06	0.07	17	34534.31	40290.03	自行采购	0	0	0	☐	☑
29	02190039	材	塑料胀塞	φ6~9	套	2113.28	0.06	0.06	0.06	0.07	17	126.8	147.93	自行采购	0	0	0	☐	☑
30	02270001	材	白布		kg	878.507	6.67	6.67	6.67	7.8	17	5859.64	6852.35	自行采购	0	0	0	☐	☑
31	02270005	材	白布		m	13.5	6.14	6.14	6.14	7.18	17	82.89	96.93	自行采购	0	0	0	☐	☑
32	02270015	材	白纱布带	20mm×20m	卷	30	1.28	1.28	1.28	1.5	17	38.4	45	自行采购	0	0	0	☐	☑
33	02270019	材	棉纱		kg	29.302	5.56	5.56	5.56	6.51	17	162.92	190.76	自行采购	0	0	0	☐	☑
34	02270021	材	棉纱头		kg	501.94252	5.56	5.56	5.56	6.51	17	2790.8	3267.65	自行采购	0	0	0	☐	☑

图 8-26 人材机汇总表

造价分析 | 工程概况 | 分部分项 | 措施项目 | 其他项目 | 人材机汇总 | 费用汇总

	编码	类别	名称	项目特征	单位	工程量	综合单价	综合合价	单价	取费基础	管理费单价	利润单价	单价构成文件	取费专业	锁定综合单价	锁定含量	指定专业章节位置
	−		整个项目					21289779.62							☐	☐	
B1	−	部						0					[民用安装工程]		☐	☐	
1		项	自动提示：请输入名称简称			1	0	0		0	0	0	[民用安装工程]		☐	☐	
B1	−	部						12651364.76					[民用安装工程]		☐	☐	
2	− 0	项	电动调节阀执行机构		个	25	505.72	12643		220.83	121.46	70.67	民用安装工程	民用安装工程	☐	☐	30503000
		定	电动调节阀		台	25	505.72	12643	313.59		121.46	70.67	[民用安装工程]	工业安装工程			60204020
3	− 0	项	电动调节阀执行机构		个	15	505.72	7585.8		220.83	121.46	70.67	民用安装工程	民用安装工程	☐	☐	30503000
		定	电动调节阀		台	15	505.72	7585.8	313.59		121.46	70.67	[民用安装工程]	工业安装工程			60204020
4	− 0	项	普通灯具		套	15	37.76	566.4		19.57	10.76	6.26	民用安装工程	民用安装工程	☐	☐	30412000
	−	定	单点固定灯具 繁星六火		套	15	37.76	566.4	20.74		10.76	6.26	[民用安装工程]	民用安装工程			41402040
		主	成套灯具		套	15.15			0								
5	− 0	项	装饰灯		套	42	64.43	2706.06		32.34	17.79	10.35	民用安装工程	民用安装工程	☐	☐	30412000
	−	定	疏散指示灯具安装 吊挂式		套	42	64.43	2706.06	36.29		17.79	10.35	[民用安装工程]	民用安装工程			90418010
		主	成套灯具		套	42.42			0								
6	− 0	项	装饰灯		套	27	64.43	1739.61		32.34	17.79	10.35	民用安装工程	民用安装工程	☐	☐	30412000
	−	定	疏散指示灯具安装 吊挂式		套	27	64.43	1739.61	36.29		17.79	10.35	[民用安装工程]	民用安装工程			90418010
		主	成套灯具		套	27.27			0								
7	− 0	项	装饰灯		套	16	64.43	1030.88		32.34	17.79	10.35	民用安装工程	民用安装工程	☐	☐	30412000
	−	定	疏散指示灯具安装 吊挂式		套	16	64.43	1030.88	36.29		17.79	10.35	[民用安装工程]	民用安装工程			90418010
		主	成套灯具		套	16.16			0								

图 8-27 分部分项汇总表

3）施工组织设计编制

（1）斑马·梦龙进度计划。

以工程项目全部的设计图纸、预算资料及施工组织设计对本项目的有关规定等为原始资料，通过斑马·梦龙编制施工计划，把整个计划任务按照生产的客观规律严密地组织起来。同时使生产计划的制订和贯彻执行建立在科学计算和综合平衡的基础上，能预见计划实施过程中的关键所在，有效控制工程节点，确保工期（图 8-28）。

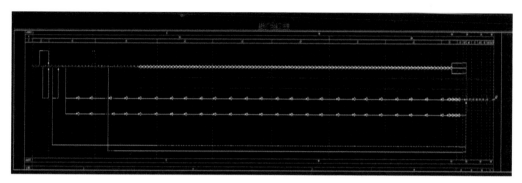

图 8-28　施工进度计划

（2）模板脚手架。

用广联达 BIM 模板脚手架软件，由土建模型导入模板脚手架作为模架设置基础，结合模架软件中的相关参数制定节点详图，并导出安全计算书，采用虚拟样板代替实体样板的方法，取代现场模板制作，节省成本、指导现场施工、满足绿色施工（图 8-29、图 8-30）。

图 8-29　脚手架模型

扣件式钢管支架楼板模板安全计算书

一、计算依据

《建筑施工模板安全技术规范》JGJ162-2008

《混凝土结构设计规范》GB50010-2010

《建筑结构荷载规范》GB50009-2012

《钢结构设计规范》GB50017-2003

《建筑施工临时支撑结构技术规范》JGJ300-2013

由永久荷载控制的组合：

q_2=0.9×{1.35[G_{1k}+（G_{2k}+G_{3k}）h]a+1.4×

0.7Q_{1k}a}=0.9×(1.35×(0.2+(24+1.1)×300/1000)×300/1000+1.4×0.7×2.5×300/1000)=3.479kN/m

取最不利组合得：

q=max[q_1,q_2]=max(3.45,3.479)=3.479kN/m

当可变荷载Q_{1k}为集中荷载时：

由可变荷载控制的组合：

q_3=0.9×{1.2[G_{1k}+（G_{2k}+G_{3k}）h]a}=0.9×(1.2×(0.2+(24+1.1)×300/1000)×300/1000)=2.505kN/m

p_1=0.9×1.4Q_{2k}=0.9×1.4×2.5=3.15kN

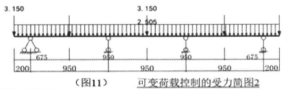

（图11）　可变荷载控制的受力简图2

由永久荷载控制的组合：

q_4=0.9×{1.35[G_{1k}+（G_{2k}+G_{3k}）h]a}=0.9×(1.35×(0.2+(24+1.1)×300/1000)×300/1000)=2.818kN/m

p_2=0.9×1.4×0.7Q_{2k}=0.9×1.4×0.7×2.5=2.205kN

图 8-30　安全计算书

（3）施工场地布置。

利用广联达施工场地布置软件进行基础、主体、装饰装修三个阶段的场地布置，精心布置具有前瞻性和预见性特点的施工现场，在施工过程中做到安全、经济、绿色、环保（图 8-31～图 8-33）。

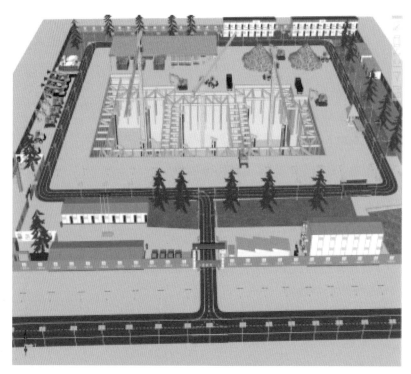

图 8-31　基础场地布置

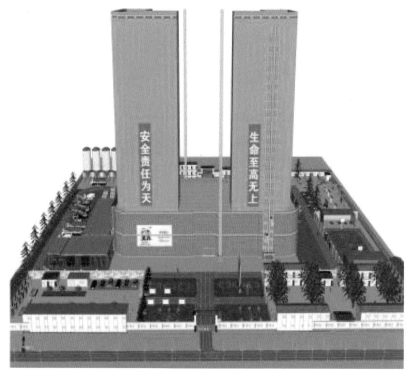

图 8-32　主体场地布置

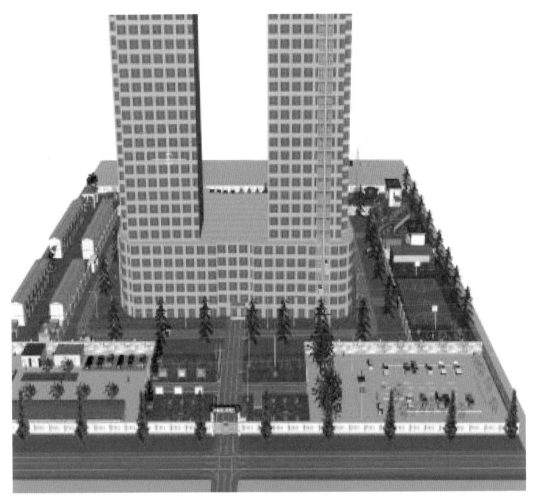

图 8-33　装修场地布置

（4）BIM5D 施工全过程管理。

以广联达 BIM5D 为核心，集成土建、安装、场布、模板脚手架等各专业模型，并以集成模型为载体，关联施工过程中的进度、合同、成本、质量、安全物料等信息，利用 BIM 模型的形象直观、可计算分析的特点，为项目的进度、成本管控、物料管理等提供数据支撑，协助管理人员有效决策和精细化管理，从而达到减少施工变更，缩短工期、控制成本、提高质量的目的（图 8-34 ～图 8-36）。

（5）Lumion 渲染漫游。

将整合模型导入 Lumion，利用 Lumion 自带的海量模型包，轻松地在模型基础上添加真实的自然环境，将其渲染成高品质的视频、图形或者几乎完全互动的真实三维世界，具有更好地宣传作用（图 8-37、图 8-38）。

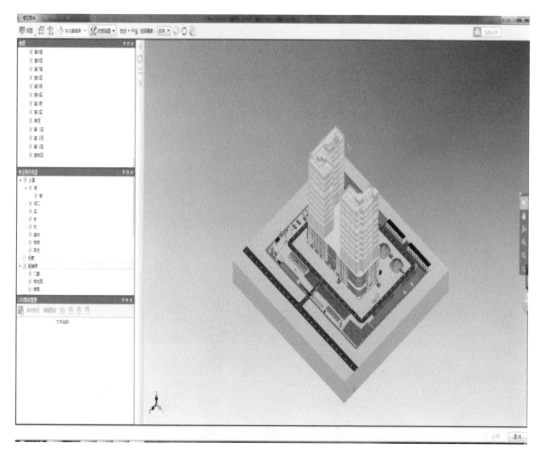

图 8-34　多专业模型

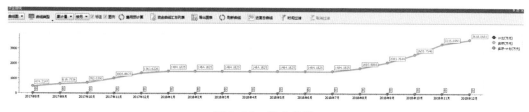

图 8-35　资金曲线

图 8-36　资源曲线

图 8-37 整体效果图

图 8-38 内部效果图

2. 工程成果展示视频

（1）Revit 二次开发视频

融利广场 Revit 二次开发视频

（2）整体漫游效果视频

融利广场整体漫游效果视频

（3）场部漫游视频

融利广场现场布置漫游

（4）塔式起重机半径模拟及电线杆防护视频

融利广场塔吊半径模拟及电线杆防护

（5）施工工艺视频

融利广场施工工艺视频